香草研究家的
風味鹽

flavored — — salts

鹽是廚房的核心，
換一種鹽，就能夠改變料理的本質

教學那麼多年以來，試圖將氣味轉移法這件事情，可以讓喜愛做料理的大家，可以更簡單地理解。畢竟，在家種植香草植物，在陽台劃個區域變成廚房花園，這種如外國人般、隨手摘隨手料理的日常生活，像是一種美麗的夢。

通常，會種植的人可能不擅長做料理，而會料理的人，常常把植物們種死。在這樣的前提之下，想在家利用香草植物、香花植物、各式香料來製作不同風味、不同國家的料理，有沒有更明確又更簡單的方法呢？

每道菜都需要調味，而鹽是廚房的核心，讓我們來做件有趣的事：當你料理時，只要隨手（換一種鹽），就能夠改變料理的本質，變成另外一道菜了。這樣平凡的日常生活，簡單裡就出現了變化。

這也是這本書誕生的原因。

我們來製作風味鹽，裡面有美味的氣味，有不同國家氛圍的氣味，如同魔法般，簡簡單單就能讓你成為料理高手的祕密，只在指間的那一撮。

祝福大家，都擁有美好的料理時光。
時時充滿著愛，身旁與家人、好友，歡笑聲不斷，
當然，還有美味食物可以肆意享受。
多美好啊！

| 序言 |
鹽是廚房的核心，換一種鹽，就能夠改變料理的本質 … 002

CHAPTER 1
我們生活中的風味鹽

與時俱進的風味鹽演化史 … 010
維持慣用的烹調，也能瞬間改變料理風味 … 012

CHAPTER 2
風味鹽的基本材料與製程

風味鹽的基底 —— 台灣常見食鹽 … 020
風味鹽的風味來源 —— 運用不同的香氣變化 … 022
製作風味鹽的基本工具 … 028
風味鹽的基礎製作方式 … 029
自製風味鹽的建議量 & 保存方式 … 032

香草 & 香料
的購買

本書中使用的都是常見的香氣植物，很多管道皆可購得。

新鮮香草：花店、盆栽店、超市都有，推薦建國花市「歐洲香藥草總匯」。

乾燥香草、香料：超市、烘焙材料行、網路商店（香料櫥櫃等香料專賣店）、迪化街、中藥行，以及印度食品和香料專賣店、越南或泰國商店都有販售。

CHAPTER 3
最適合常備的 18 款萬用風味鹽

迷迭香鹽 … 037

百里香檸檬鹽 … 037

羅勒鹽 … 041

鼠尾草鹽 … 041

月桂鹽 … 041

薄荷鹽 … 043

紫蘇鹽 … 043

花椒鹽 … 045

五香鹽 … 045

大茴香八角鹽 … 045

Column 其他更多的風味鹽提案 ———
奧勒岡鹽、肉桂鹽、紅椒鹽、孜然鹽 … 046

柑橘系鹽 … 048

香芹大蒜鹽 … 048

Column 其他更多的風味鹽提案 ———
玫瑰鹽、薰衣草鹽、洋甘菊鹽、桂花鹽、洛神鹽 … 050

台灣紅蔥香蒜鹽 … 052

紐奧良肯瓊鹽 … 053

法國普羅旺斯鹽 … 055

義大利西西里鹽 … 055

土耳其香料鹽 … 056

印度咖哩鹽 … 056

Column 其他更多的風味鹽提案 ———
巴里島香料鹽、摩洛哥香料鹽、埃及堅果香料鹽、日本香料鹽 … 058

CHAPTER 4
風味鹽的美味魔法料理

【抹醬·慕斯】

歐芹醬 … 063

百里香美乃滋 … 063

羅勒鯷魚醬 … 063

百里香鹽鮭魚慕斯 … 064

楓糖胡桃抹醬 … 065

香料鹽奶油 直火烤吐司 … 066

【沙拉】

薄荷小黃瓜葡萄沙拉 … 068

檸檬胡椒拌雞絲 … 069

茴香鷹嘴豆鮪魚沙拉 … 072

薄荷豌豆塔布勒沙拉 … 073

紫蘇雞肉庫斯庫斯 … 074

紫蘇蔥絲白肉沙拉 … 075

【醃漬】

茴香鹽醃小黃瓜 … 076

紫蘇鹽漬白菜 … 077

檸檬鹽漬嫩薑 … 077

鹽醃檸檬 … 078

香料漬菜蛋沙拉 開放三明治 … 079

醃檸檬飲 … 079

法式鹽醃鮭魚 … 080

香料鹹豬肉 … 081

【油泡】

迷迭香油漬蕈菇 … 083

百里香油漬帆立貝 … 084

紅蔥鹽油漬柳葉魚 … 085

【烘烤】

普羅旺斯番茄盅 … 086

月桂鹽爐烤蔬菜 … 087

紐奧良烤雞翅 … 088

鼠尾草蜜桃烤雞 … 089

土耳其香料鹽烤雞 … 091

柑橘風味烤雞佐烤蘋果 … 092

烤香料排骨馬鈴薯 … 093

香烤鹽漬豬肉 … 095

香料麵包粉烤魚 … 097

香料鹽烤蝦 … 098

【煎炸‧拌炒】

藍氏煎牛排佐香料鹽 … 103

胡麻油煎牛肉捲 … 104

花椒炸雞 … 106

脆煎土耳其香料雞排 … 108

香料漢堡排 … 111

香料鹽煎魚 … 113

百里香馬鈴薯餅 … 114

檸檬鹽奶油義大利麵 … 116

鼠尾草乳酪通心粉 … 117

【燉煮】

番茄橄欖燉雞肉 … 118

清燉鹽醃豬肉 … 120

燉野蔬羊排 … 121

紫蘇魚丸子鍋 … 122

香料酒蒸蛤蠣 … 123

印度風洋蔥鷹嘴豆烤餅 … 124

月桂鹽蘆筍簡易燉飯 … 127

【湯品】

風味鹽堅果紅蘿蔔湯 … 128

鼠尾草鹽栗子湯 … 129

迷迭香森林蕈菇湯 … 130

鼠尾草紅椒地瓜濃湯 … 131

月桂蘋果南瓜湯 … 132

百里香白花椰馬鈴薯濃湯 … 133

【烘焙‧飲品】

香料果乾燕麥棒 … 134

羅勒橄欖鹹蛋糕 … 136

乳酪鯷魚蝴蝶酥 … 138

印度咖哩鹹脆餅 … 140

無酒精血腥瑪莉佐香芹鹽 … 141

| 結 語 | … 142

CHAPTER

1

我們生活中的
風味鹽

flavored
salts

與時俱進的風味鹽演化史

近年來（後疫情時代）大自然生活盛行，尤其是上山露營野炊蔚為風尚，風味鹽便於攜帶，少許便能提升料理風味，在世界各國都很受歡迎。在日本，風味鹽甚至被稱為「魔法鹽」，成為讓料理快速變美味的捷徑，以此開發了一系列的人氣商品。

但在此之前，風味鹽早已是許多國家不可或缺的存在，因為它的便利性極佳，很容易在超市取得，可以調味、醃製，相當方便，讓製作料理時更加多元擁有變化。常見的風味鹽各國使用率極高的有：大蒜鹽、檸檬鹽、洋蔥鹽、胡椒鹽，更有專門針對料理品項分類的：牛排專用鹽、禽類專用鹽、海鮮專用鹽。

風味鹽不只提味增鮮，賦予料理更多風貌，往往也是造就一道料理與眾不同的「隱味」，在不同國家、派系料理形成的脈絡中，扮演舉足輕重的角色。

多一味或少一味，就能影響料理在味覺與嗅覺上的記憶點。這也說明了為什麼許多國際知名主廚與食品大廠紛紛推出獨家配方風味鹽的原因。

風味鹽的由來

　　從歷史紀錄來看，埃及是第一個意識到鹽的保存可能性的國家。鹽將會導致細菌產生的水分從物品中吸走，讓它們乾燥，所以在不冷藏的情況下可以長時間儲存肉類。例如我們現代的風乾火腿、臘肉之類的。這種濃縮風味、形成濃郁美味的佳餚，都是鹽醃的功勞。但在過去，這種保存方式不僅限於肉類，當然還有海鮮類、蔬菜與水果。

　　美國商人在 18 世紀加入了香料貿易。但他們並沒有與成熟的歐洲公司合作，而是直接與亞洲打交道。當德克薩斯州定居者創造出辣椒粉作為製作墨西哥菜餚的簡單方法時，美國也為香料世界做出了新的貢獻。

　　美國最古老的常用香料鹽，是在 1930 年代開發用於調味牛排用的。而英國受到美國調味料的啟發，在 1970 年代也開始開發屬於英國人口味的香料鹽。

　　而，Cajun spices 肯瓊香料，是美國紐奧良地區的特有香料。我們現今熟知的「紐奧良烤雞」，便是以肯瓊香料醃製而成的著名料理。肯瓊料理是路易斯安納州南部特有的美食文化，源自於 Acadian 人的傳統料理。Acadian 也稱 Cajun，原本是住在加拿大的法國移民，18 世紀中為了逃離英國人的統治從加拿大來到路易斯安納州南部定居，他們以路易斯安納州南部當地取得的食材，通常用大鍋菜的方式烹調，所以肯瓊料理也是紐奧良法國文化的一部分。

維持慣用的烹調，
也能瞬間改變料理風味

當我們在做料理時，通常最後才會使用鹽去調味，所以鹽的功能只是鹹味的感官，必須再以其他市售調味料來增添不足的風味。

但是，若我們製作出風味鹽（鹽裡面有香氣），就算是你不擅長使用香草香料來入菜，而是最後使用風味鹽來調味，也能製作出充滿香氣、鮮味、不是只有加鹽的好料理，不僅滋味更好，也可以減少許多添加物的攝取，一舉多得，為何不試試看呢？

使用風味鹽，和直接加鹽和香料的不同？

- 風味鹽氣味融合後與食材結合，味道更圓融
- 香氣與風味更豐富，可降低入鹽量

風味鹽的使用，除了增添美味外，最重要的是會讓料理整體更美味更多元，例如我們在家煎一條魚，以往只用鹽調味就下鍋煎煎，得到一隻正常的煎魚，日日如此處理魚，餐桌上吃著吃著也乏了。若將鹽換成了風味鹽，一樣抓醃鍋中煎煎，鹽中充滿著香草香料香氣的小分子，在鍋中受熱時爆發出香氣讓魚肉吸附，除了增添美味更有去腥的效果，食用時每一口都好香好好吃。若換另一罐風味鹽，得到了另一種風情，相當棒吧！

風味鹽的功用

- 不需技巧便能增加料理多元性
- 增加香氣、改變風味
- 去腥防腐
- 便利性
- 料理的樂趣

在家自己製作風味鹽，相當的簡單，建議每個口味都少量製作，這樣會比較新鮮，不會一罐用太久，自己製作相對比在超市購買更便宜，而且超市的口味是固定的，自己做可以獲得許多不同口味，讓料理擁有變化性。

自製風味鹽的優點

- 新鮮（氣味較好）
- 可以依據自家口味調整
- 比較便宜
- 可以少量多款製作
- 安全
- 手作樂趣

使用風味鹽，不要想太多，用就對了。先養成讓風味鹽取代食鹽，各種料理在使用鹽的階段，都換成風味鹽試看看，增加各種可能性，料理時光才會更有趣。也可以發現自己喜愛的香氣風味，在煎、煮、炒、炸、烹、燉、蒸、燴、醃製中，香氣都有變化喔。

風味鹽在料理的應用

取代一般食鹽，醃煎烤燉煮炸統統可以用。

\油泡\

紅蔥鹽油漬柳葉魚
P.85

\燉煮\

清燉鹽醃豬肉
P.120

\烘烤\

烤香料排骨馬鈴薯
P.93

\煎炸拌炒/

香料鹽煎魚
P.113

花椒炸雞
P.106

\烘焙/

乳酪鰻魚蝴蝶酥
P.138

\抹醬慕斯/

楓糖胡桃抹醬
P.65

前菜・開胃菜
APPETIZER

主食・湯品
STAPLE FOOD · SOUP

主菜・配菜
MAIN COURSE · SIDE DISH

甜點・飲品
DESSERT · DRINKS

CHAPTER

2

風味鹽的
基本材料與製程

flavored
salts

風味鹽的基底
—— 台灣常見食鹽

　　雖然每種鹽的鹹度、風味、特性不同，但日常使用的風味鹽
以便利性為主，選擇超市容易購買的種類就可以了。

「碘鹽」不適合用於風味鹽

運用各種不同鹽製作風味鹽也是一種樂趣，唯一需要注意的是
「碘鹽」。碘是台灣早期為了預防烏腳病而添加的營養素，由
於碘本身有明顯的味道，不建議用來製作風味鹽。

海鹽

來自於海水，通過熬煮或是日曬，水分蒸發後形成結
晶。擁有海裡的礦物質，不同海域的風味不同，有的海
域富含藻類，所以結晶的鹽中呈現灰色，稱為「灰鹽」。
海鹽口感較柔和，入口帶著海域的特色，回甘較不死鹹。

若選用顆粒較大的粗鹽，烹調時更改入鍋順序，在中途就先
調味，如果起鍋前才添加可能會來不及融化。

精鹽

將海水抽進工廠，再用離子交換膜電透析方式，把海水中的氯離子與鈉離子分析出來，然後再組合而成的鹽，氯化鈉高達 99% 以上，較死鹹無風味。

岩鹽

指在地底下或是山洞內開採的食鹽，通常形成年份相當相當久遠，擁有非常豐富的礦物質，擁有當地礦物質的風味。

其他

鹽的種類很多，除了顆粒狀的鹽，也有看起來像小金字塔般片狀鹽，或是以煙燻方式加入風味的鹽款。

風味鹽的風味來源
── 運用不同的香氣變化

　　書中使用香草植物、香料、果皮與果汁來製作風味鹽，新鮮與乾燥皆可以運用，也可交錯使用。通常新鮮香草植物飽含精油與芬多精，製作時會有清新的氣息；而乾燥的香草與香料，氣味沉穩，雖少了清新卻多了層次與木質調性。

　　同一道料理，使用新鮮植物製作的風味鹽，料理作品較活潑，相反的使用乾燥植物香料所製作的風味鹽；料理作品風味層次穩定，尋找出自己的喜愛感比較重要，畢竟那是屬於自己的作品，而作品感官通常跟製作者的喜好有關。

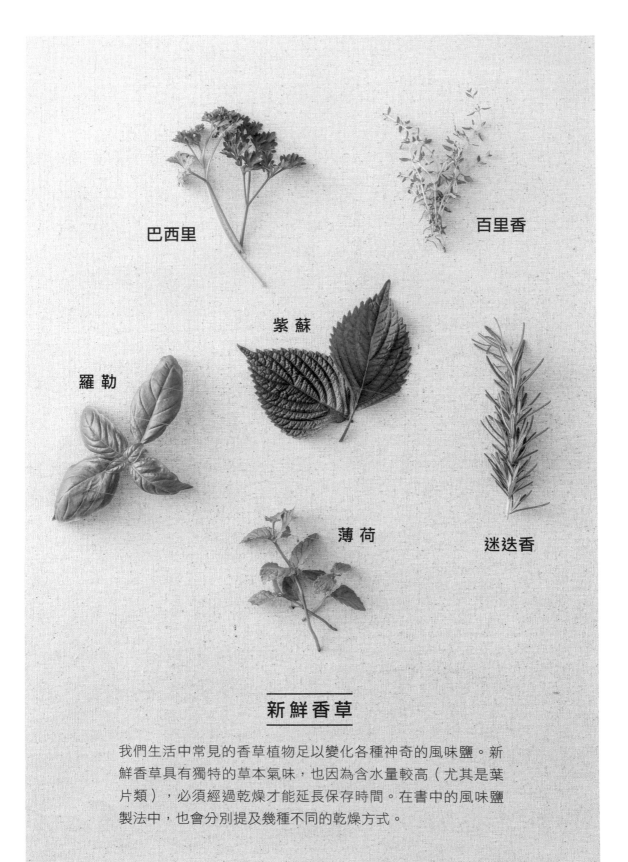

巴西里

百里香

紫蘇

羅勒

薄荷

迷迭香

新鮮香草

我們生活中常見的香草植物足以變化各種神奇的風味鹽。新
鮮香草具有獨特的草本氣味,也因為含水量較高(尤其是葉
片類),必須經過乾燥才能延長保存時間。在書中的風味鹽
製法中,也會分別提及幾種不同的乾燥方式。

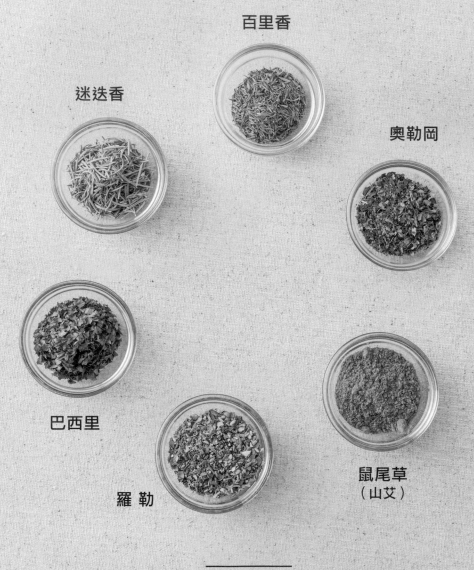

百里香

迷迭香

奧勒岡

巴西里

羅 勒

鼠尾草
（山艾）

乾 燥 香 草

使用乾燥香草製作風味鹽時，由於水分已經消除，香草氣味
更為濃縮，能夠帶來與新鮮草本截然不同的香味調性，也更
能夠久放保存。乾燥香草風味鹽的製法最為簡單，基本上只
要處理成細碎的大小，混合就完成了。

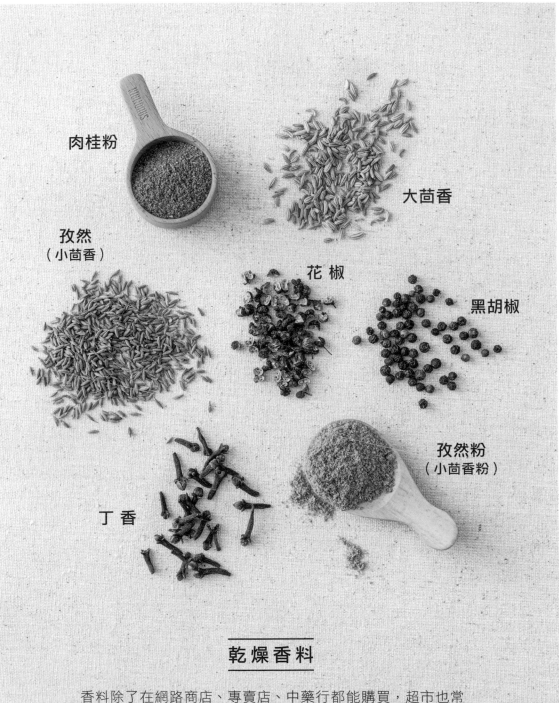

肉桂粉

大茴香

孜然
（小茴香）

花椒

黑胡椒

丁香

孜然粉
（小茴香粉）

乾 燥 香 料

香料除了在網路商店、專賣店、中藥行都能購買，超市也常
見八角、黑胡椒粒、花椒粒、孜然、肉桂或是混合好的五香粉、
綜合香料，取得與使用上相當方便。製作風味鹽時只要留意
將顆粒狀磨碎，或是靜置久一點，就能讓香氣充分釋放。

乾燥香花

薰衣草、玫瑰、洋甘菊、桂花，帶有香氣的乾燥食用花朵都可以用於製作風味鹽。清新的花香氣息可以在料理中達到解膩的作用，用於烘焙類製品如餅乾、麵包，或是飲品上也很合適。

玫瑰

薰衣草

乾燥與新鮮蔬果

台灣農產的品質很好，有許多優秀的蔬果選擇。柑橘類是最常用於製作風味鹽的水果，檸檬、柳橙、金桔都很適合料理，可以享受不同的柑橘香氣。此外，大蒜、洋蔥等辛香料也是不能錯過的料理搭檔。

蒜酥

紅蔥酥

柑橘

乾辣椒

製作風味鹽的
基本工具

風味鹽的製作要領在於香氣的調配、釋放與融合，僅需要將香味來源與鹽充分混合即可。我自己最常使用到的工具包含以下三種，依照自己的需求選用即可。

研磨缽

少量製作時很方便，一邊打碎香料一邊讓香氣與鹽充分融合。

調理機

大型或小型的都可以，可以讓大片的葉狀香草與鹽質地更細緻均勻。

研磨器

挑選平刀的產品，能夠將胡椒、花椒等顆粒狀的香料打碎。

風味鹽的基礎製作方式

簡單來説，就是香氣物質的形體變化，與鹽拌合一起，讓香氣被鹽吸附，成為風味鹽。依照香味來源的形狀、質地、含水量等因素，大約有以下幾種方式。大家可以依據持有的香氣香料狀態，以及想要達到的風味、型態，自行變換或混用作法。

1 直接拌合法

這是最簡單的製法，大多用於質地與鹽相近，粉末或碎粉狀的乾燥香草、香料，只要與鹽攪拌混合後靜置即可。隨著時間，香氣與鹽會越來越融合。

基本作法 示範：鼠尾草鹽

將乾燥的香草（香料）與鹽一起混拌均勻即可。

POINT

- 大片葉子如月桂葉，必須先用調理機盡量擊碎，並過篩去除雜枝後，再與鹽混拌。如此，香氣才能夠釋放出來。
- 若加入完整顆粒的香料如八角，拌勻裝罐後可先放置一星期，讓鹽充分吸附香氣之後再使用。
- 新鮮紫蘇須先以微波加熱、脫水後，捏成粉碎狀，再與鹽混勻。

本書的「直接拌合法」風味鹽

香芹大蒜鹽 P.48
紐澳良肯瓊鹽 P.53
土耳其香料鹽 P.56
印度咖哩鹽 P.56
鼠尾草鹽 P.41
五香鹽 P.45
大茴香八角鹽（加入整顆香料）P.45
月桂葉（大片葉子先弄碎）P.41
紫蘇鹽（新鮮葉子先弄碎脫水）P.43

2 研磨拌合法

多用於透過研磨香氣更能釋放，或是混合不同質地的香氣物質時。與直接拌合法相較，將香草、香料與鹽一起研磨後，鹽會明顯帶有香草、香料的顏色，且香氣會在研磨過程中大量釋放出來，能立即感受到明顯香氣。

（基本作法） 示範：羅勒鹽

將乾燥香草（香料）與鹽放入研磨缽（或研磨機）中，一起混拌研磨均勻即可。

本書的「研磨拌合法」風味鹽

羅勒鹽 P.41
台灣紅蔥香蒜鹽 P.52
法國普羅旺斯鹽 P.55
義大利西西里鹽 P.55

---

3 研磨拌合風乾法

若是使用新鮮的香草製作風味鹽，由於香草葉子含有水分，在與鹽拌合後，必須再經過風乾的過程，風味鹽才不易腐壞，更定味。

（基本作法） 示範：迷迭香鹽

1 將新鮮香草洗淨，用紙巾吸乾水分後，取下葉子，用調理器打成碎狀。

2 加入鹽一起打碎打勻。

3 平鋪在容器中，放置在通風處（或用除濕機或風扇）吹乾至乾燥即可。

本書的「研磨拌合風乾法」風味鹽

迷迭香鹽 P.37　百里香檸檬鹽 P.37

4 滲入法

此作法常見於製作柑橘風味的鹽，例如檸檬、柳橙等。重點在於須用手細細搓揉柑橘皮，讓內含的精油釋放出來並與鹽完全結合。

(基本作法)　示範：檸檬鹽

1 將新鮮柑橘的外皮用刨刀挫下碎屑（留意不要刨下帶苦的白色部分）。
2 容器內放入柑橘皮屑與鹽，用手搓揉柑橘皮屑，使其釋放精油至鹽中即可。

本書的「滲入法」風味鹽

柑橘系鹽 P.48
薄荷鹽 P.43

5 炒焙法

花椒這類的香料，香氣經過炒焙會特別濃烈。因此若要拿來當作鹽的風味來源，比起直接攪拌或研磨，更建議用小火加熱炒過。

(基本作法)　示範：花椒鹽

將香料與鹽放入乾鍋中，翻炒至香氣出來、鹽略變色後，倒出、靜置放涼即可。

本書的「炒焙法」風味鹽

花椒鹽 P.45

自製風味鹽的
建議量 & 保存方式

　　書中製作完成的風味鹽大多是 100g 左右，讓大家在家方便操作，方便保存。

　　盡量選擇乾爽乾燥一點的鹽，才能吸附更多的香氣，粗鹽細鹽都可以，看製作料理品項選擇鹽的大小顆粒，例如：燉肉、熬湯選擇粗粒鹽，可以在鍋中慢慢融化。抓醃調味使用細粒鹽，較容易馬上溶解。

　　原則上，乾爽狀態的風味鹽保存放在通風無光照、溫差不要過大的地方；有果汁、新鮮植物汁液製作的風味鹽，需要冷藏保存。

　　盛裝的容器以密封好的為佳，尤其需長時間保存時，首選是蓋子上有矽膠條的玻璃罐。如果家中沒有足夠密封罐，我很常使用的還有塑膠盒，輕巧好堆疊，外出攜帶也沒有負擔感。

CHAPTER

3

最適合常備的
18 款萬用風味鹽

flavored
salts

百里香檸檬鹽

迷迭香鹽

香草鹽
~ herbal salts ~

迷迭香鹽

去除香草水分延長保存時間，保留新鮮香氣的美味魔法。

材料

新鮮迷迭香葉…15公分5支
乾燥細海鹽…100g
乾燥粗鹽…50g

作法

1 迷迭香洗乾淨，用紙巾吸乾水分，用手取下葉子。

2 用調理機打成碎葉狀，加入乾燥細海鹽再次打碎。

3 將打碎的葉子、細海鹽與粗鹽拌均勻，平均攤開在鋪有烘焙紙的淺盤上，放置於通風處吹乾（也可用除濕機或是風扇）。

4 乾燥後裝入密封罐內，放在常溫陰涼處保存。

〈POINT〉

• 新鮮香草含水量較高，通風吹乾可以延長保鮮期。

• 粗鹽與細鹽的鹹度、回甘度不同，混合使用能帶來口味與口感差異，也增加視覺趣味性。

百里香檸檬鹽

在新鮮香草中加入檸檬香氣，
適用各種烹調方式的溫和解膩風味。

材料

新鮮百里香葉…3大匙
黃檸檬皮屑…1顆量
乾燥細海鹽…100g

作法

1 百里香洗乾淨，用紙巾吸乾水分，用手取下葉子後，再用刀切碎梗與葉（若是粗梗則去除）。

2 盆內放入百里香碎、黃檸檬皮屑、乾燥細海鹽，初步混拌，用手指搓揉檸檬皮與百里香碎釋放精油到鹽中，直到完全結合。

3 平均攤開在鋪有烘焙紙的淺盤上，放置於通風處吹乾（也可用除濕機或是風扇）。

4 乾燥後裝入密封罐內，放在常溫陰涼處保存。

〈POINT〉

想要檸檬香氣更濃郁，也可以加入2滴天然有機的檸檬精油。

以紙巾拭乾迷迭香水分

用手推迷迭香梗，取下葉子

所有材料放入調理機中拌勻

風乾多餘水分後裝罐保存

百里香洗淨拭乾後取下葉子

用刀切碎梗與葉，讓香氣釋放

用挫板刨下檸檬皮屑（避免刨到白色部分）

混合檸檬皮與百里香碎，搓揉出香氣後風乾

羅勒鹽

鼠尾草鹽

月桂鹽

羅勒鹽

拌合乾燥香草與細海鹽，
磨碎後香氣更融合均勻。

材料

乾燥羅勒碎⋯1/2大匙
乾燥細海鹽⋯75g

作法

1 將乾燥羅勒碎與乾燥細海鹽拌勻。

2 放入研磨缽中，研磨至更細碎的均勻顆粒狀。

3 研磨後裝入密封罐內，放在常溫陰涼處保存。

鼠尾草鹽

混合同樣小分子的香草粉與海鹽，
最直覺快速的風味鹽製法。

材料

乾燥鼠尾草粉⋯1小匙
乾燥細海鹽⋯75g

作法

1 將乾燥鼠尾草粉與乾燥
細海鹽拌勻。

2 裝入密封罐內，放在常
溫陰涼處保存。

〈 **POINT** 〉

乾燥粉狀的香草，
幾乎都可與鹽直接
拌勻使用。

月桂鹽

輕鬆處理乾燥的香草葉，
保留完整香氣的濃縮風味鹽。

材料

乾燥月桂葉⋯3g
乾燥細海鹽⋯100g

作法

1 用調理機將月桂葉儘量
打碎，過篩去除雜枝。

2 與乾燥細海鹽拌勻。

3 裝入密封罐內，放在常
溫陰涼處保存。

〈 **POINT** 〉

月桂葉梗也帶有香
氣，若不嫌多一道工
序，與鹽拌勻後放置
一段時間讓香氣出來
再過篩，可以保留更
多香氣。

薄荷鹽

紫蘇鹽

薄荷鹽

加入柑橘汁增添果香，
鹹中帶酸甜的薄荷清新風味。

材料

新鮮薄荷葉⋯取葉 1 杯量
柳橙皮屑⋯1/2 顆量
柳橙汁⋯1 大匙
乾燥粗鹽⋯200g
薄荷精油⋯2 滴

作法

1 薄荷洗乾淨，用紙巾吸乾水分，取下葉子。

2 用調理機打成碎葉狀。

3 將薄荷碎、柳橙皮屑、柳橙汁、乾燥粗鹽混拌均勻，滴入薄荷精油再次拌勻。

4 裝入密封罐內，冷藏保存。

〈 POINT 〉

• 此款風味鹽的水分較高，請放置冰箱冷藏保存，延長保鮮期。

• 精油務必挑選天然有機的產品。

紫蘇鹽

將新鮮香草葉快速去除水分，
自製風味鹽的美味祕密。

材料

青紫蘇⋯5 片
乾燥細海鹽⋯100g

作法

1 紫蘇葉切除莖，清洗乾淨後用紙巾擦去水分。

2 放在微波盤上，微波共 2 分鐘（分 4 次微波，每次 30 秒）。

3 將微波脫水的紫蘇放在塑膠袋中用手捏粉碎後，與乾燥細海鹽混拌均勻。

4 裝入密封罐內，放在常溫陰涼處保存。

〈 POINT 〉

以新鮮香草葉製作風味鹽時，需要注意水分的掌控。百里香、迷迭香（打碎後）等葉子細小，風乾即可大致去除水分，但紫蘇這種面積較大的葉片，建議先微波乾燥才能久放。

花椒鹽

五香鹽

大茴香八角鹽

香料鹽
- spiced salts -

花椒鹽

透過加熱翻炒釋放花椒香氣，賦予食材獨特的關鍵隱味。

材料

大紅袍花椒…3大匙
乾燥細海鹽…100g

作法

1 花椒與乾燥細海鹽放入炒鍋中，以中火翻炒至散出花椒氣味，鹽略變色，關火。移出鍋子靜置到涼。

2 可直接裝入密封罐中使用。或倒入研磨機打碎花椒後，裝罐放常溫陰涼處保存。

〈POINT〉

- 花椒的香氣需透過加熱翻炒才會充分釋放。
- 讓花椒與鹽一同靜置，味道會隨著時間越來越融合。
- 若沒有研磨機，也可在使用前將花椒過濾篩出。

五香鹽

五香粉購買市售品或自製都可以，
輕鬆完成醃漬、調味都好用的五味魔法。

材料

五香粉（市售品或自製）…1大匙
乾燥細海鹽…100g

作法

1 所有材料攪拌均勻。

2 裝入密封罐內，放在常溫陰涼處保存。

〈POINT〉自製五香粉

材料：

八角20g、花椒20g、桂皮10g、小茴香10g、丁香6g

作法：

1. 所有材料放入乾鍋，中火炒焙，聞到香氣便關火。

2. 倒入淺盤上鋪平，放涼。

3. 用調理機打成粉末狀，裝罐保存。

大茴香八角鹽

契合度滿分的同系統香氣，為料理增添熟悉的亞洲風味。

材料

大茴香籽…1大匙
八角…1顆
乾燥細海鹽…100g

作法

1 所有材料攪拌均勻。

2 直接裝入密封罐中使用，放在常溫陰涼處保存。

〈POINT〉

香料顆粒較大，建議裝罐放置1星期，讓香氣更融入鹽裡後，將鹽過篩裝罐使用。

奧勒岡鹽

香草鹽

材料

乾燥奧勒岡 … 5g
檸檬皮 … 1/2 顆量
乾燥細海鹽 … 200g

作法

1 使用挫板將檸檬皮刨下，注意不要刨到
　白色部分（會苦）。

2 將所有材料拌勻後，裝入密封罐內，
　放在常溫陰涼處保存。

肉桂鹽

香料鹽

材料

肉桂 … 2 根
乾燥細海鹽 … 100g

作法

1 使用肉錘將肉桂打斷打碎。

2 將肉桂粗碎與乾燥細海鹽裝入密封罐。

3 1 星期後將鹽過篩出裝罐使用，放在
　常溫陰涼處保存。

其他更多的風味鹽提案

紅椒鹽
香料鹽

材 料

匈牙利紅椒粉 … 1 大匙

乾燥細海鹽 … 100g

作 法

1 所有材料攪拌均勻。

2 裝入密封罐內,放在常溫陰
　涼處保存。

孜然鹽
香料鹽

材 料

孜然(小茴香粉) … 1 大匙

丁香 … 2 根

乾燥細海鹽 … 100g

作 法

1 所有材料攪拌均勻。

2 裝入密封罐內,放在常溫
　陰涼處保存。

柑橘系鹽

運用在料理、甜點、飲品都合適，
充滿精油香氣的百搭滋味。

材料

檸檬皮（柳橙皮）⋯1顆量
乾燥細海鹽⋯100g

作法

1 使用挫板將檸檬皮或柳橙皮刨
下，注意不要刨到白色部分。

2 盆內放入檸檬（柳橙）皮屑、
乾燥細海鹽，用手指搓揉檸檬
皮釋放精油到鹽中，直到完全
結合。

3 裝入密封罐內，放在常溫陰涼
處保存。

〈 POINT 〉

檸檬、柳橙以外，各種
柑橘水果幾乎都很適合
製成風味鹽，彼此帶有
不同的氣味。除了確實
搓揉出表皮精油外，也
要避免挫到皮肉間的白
膜，苦味很明顯。

香芹大蒜鹽

取代日常用鹽加入料理中，
一小撮就能讓風味大幅提升。

材料

乾燥巴西里⋯1大匙
大蒜粉⋯1/2大匙（用蒜酥研磨成粉）
乾燥細海鹽⋯100g

作法

1 所有材料攪拌均勻。

2 裝入密封罐內，放在常溫陰
涼處保存。

花菓鹽
- flowers , fruit & veg -

柑橘系鹽

香芹大蒜鹽

玫瑰鹽

花菓鹽

材料

乾燥玫瑰花瓣 … 略多於 1 大匙
蔓越莓果乾 … 1 大匙
乾燥細海鹽 … 150g

作法

1 乾燥玫瑰花瓣用調理機打碎，取出所需的量（1 大匙）。
2 蔓越莓果乾切碎。
3 所有材料攪拌均勻。
4 裝入密封罐內，放在常溫陰涼處保存。

薰衣草鹽

花菓鹽

材料

乾燥薰衣草花穗 … 略多於 1/2 大匙
紫薯粉 … 1 小匙（增色用）
乾燥細海鹽 … 150g

作法

1 將乾燥薰衣草花穗用調理機打碎，取出所需的量（1/2 大匙）。
2 所有材料攪拌均勻。
3 裝入密封罐內，放在常溫陰涼處保存。

其他更多的風味鹽提案

洋甘菊鹽

花菓鹽

材料

乾燥洋甘菊 … 略多於 1 大匙
蘋果乾 … 5g
乾燥細海鹽 … 150g

作法

1 乾燥洋甘菊打碎,取出所需的量(1 大匙)。
2 蘋果乾打成碎粒狀。
3 所有材料攪拌均勻。
4 裝入密封罐內,放在常溫陰涼處保存。

桂花鹽

花菓鹽

材料

乾燥桂花 … 2 大匙
乾燥細海鹽 … 100g

作法

1 所有材料攪拌均勻。
2 裝入密封罐內,放在常溫陰涼處保存。

洛神鹽

花菓鹽

材料

洛神粉 … 1 大匙
覆盆子粉 … 1/2 大匙
乾燥細海鹽 … 100g

作法

1 所有材料攪拌均勻。
2 裝入密封罐內,放在常溫陰涼處保存。

世界香料鹽

― assorted spices salts ―

台灣紅蔥香蒜鹽

伴隨台灣人成長的味蕾記憶，
不會出錯的熟悉風味。

材料

紅蔥酥⋯2大匙
蒜酥⋯1大匙
乾燥細海鹽⋯100g

作法

1 所有材料放入研
磨缽中，研磨混
合均勻。

2 裝入密封罐內，
放在常溫陰涼處
保存。

〈 **POINT** 〉

將「家的味道」製成一款風味鹽，隨時烹
調更方便，煮粥、煮麵都好用。食材的味
道也能透過靜置而更融合。

紐奧良肯瓊鹽

聞過就不會忘記的垂涎香氣,絕對要試一次經典的烤雞料理。

材料

奧勒岡…1/2大匙	黑胡椒…1/4大匙
羅勒…1/2大匙	匈牙利紅椒粉…2大匙
百里香…1小匙	辣椒粉…1/4小匙
洋蔥粉…1/2大匙	乾燥細海鹽…100g
大蒜粉…1/2大匙	

作法

1 所有材料攪拌均勻。

2 裝入密封罐內,放在常溫陰涼處保存。

義大利西西里鹽

法國普羅旺斯鹽

法國普羅旺斯鹽

來自浪漫國度的浪漫風味，
與各種食材溫柔契合的細緻花香。

材料

自製法國綜合香草（或用市售品）…3大匙
薰衣草花穗… 1/2小匙
大茴香種子… 1/2小匙
鼠尾草… 1/2小匙
乾燥細海鹽… 100g

作法

1 所有香草、香料材料攪拌均勻。

2 與乾燥細海鹽放入食物調理機中打成碎末，或是直接攪拌均勻。

3 裝入密封罐內，放在常溫陰涼處保存。

〈 **POINT** 〉自製法國綜合香草

材料：

迷迭香2大匙、百里香2大匙、奧勒岡2大匙、羅勒2大匙、馬鬱蘭2大匙

作法：

將所有材料攪拌均勻即可。

剛製作完成的香料粉，風味香氣較刺激，請放置在涼爽陰暗的地方靜置1星期，等風味融合再使用。

義大利西西里鹽

完美重現義大利菜的靈魂香氣，
即刻複製美食之都的迷人料理。

材料

奧勒岡… 2大匙
羅勒… 2大匙
百里香… 2大匙
黑胡椒碎粒… 1/2小匙
檸檬皮… 1顆量
乾燥細海鹽… 100g

作法

1 將檸檬皮以外的所有材料一起打成碎末，或是直接攪拌均勻。

2 使用挫板將檸檬皮刨下，注意不要刨到白色部分，與其他材料混拌均勻。

3 裝入密封罐內，放在常溫陰涼處保存。

土耳其香料鹽

集結各種代表性辛香料，
輕輕一撒就是滿滿的異國風味。

材料

乾燥薄荷粉…3 大匙
肉桂粉…1/2 大匙
孜然粉…1 大匙
丁香粉…1/2 小匙
黑胡椒粉…2 小匙
辣椒粉…1/2 大匙
大蒜粉…2 大匙
乾燥細海鹽…100g

作法

1 所有材料攪拌均勻。

2 裝入密封罐內，放在常溫陰涼處保存。

印度咖哩鹽

香料王國的經典香氣組合，
在家裡輕鬆自製道地咖哩風味。

材料

芫荽籽粉（香菜籽粉）…1 大匙
孜然粉…1 大匙
印度綜合香料 garam masala…1 大匙
薑黃…1 小匙
黑胡椒粉…1/2 小匙
乾燥細海鹽…100g

作法

1 所有材料攪拌均勻。

2 裝入密封罐內，放在
常溫陰涼處保存。

土耳其香料鹽

India

印度咖哩鹽

巴里島香料鹽

世界香料鹽

材料

蒜酥 … 1 大匙　　花生粉 … 1 大匙
乾燥洋蔥 … 1 大匙　　檸檬皮屑 … 1 顆量
辣椒粉 … 1/4 小匙　　乾燥細海鹽 … 100g
椰奶粉 … 1 大匙

作 法

1 所有材料放入研磨缽中，研磨混合均勻。
2 裝入密封罐內，放在常溫陰涼處保存。

摩洛哥香料鹽

世界香料鹽

材料

芫荽籽粉（香菜籽粉）… 1/2 大匙
孜然粉 … 1/2 大匙
辣椒粉 … 1/4 小匙　　大蒜粉 … 1/2 小匙
薑黃粉 … 1 小匙　　乾燥細海鹽 … 100g

作 法

1 所有材料攪拌均勻。
2 裝入密封罐內，放在常溫陰涼處保存。

| 其他更多的風味鹽提案 |

埃及堅果香料鹽

世界香料鹽

材 料

白芝麻 ⋯ 1 大匙　　　孜然粉 ⋯ 1 大匙
鷹嘴豆粉 ⋯ 20g　　　黑胡椒粉 ⋯ 1/4 小匙
榛果碎（粉）⋯ 20g　　乾燥細海鹽 ⋯ 100g
芫荽籽粉 ⋯ 2 大匙

作 法

1 所有材料放入炒鍋中，以中火翻炒至散出
　香料氣味後，關火在鍋內靜置到涼。
2 裝入密封罐內，放在常溫陰涼處保存。

日本香料鹽

世界香料鹽

材 料

紅辣椒片 ⋯ 2 大匙　　黑胡椒 ⋯ 1 小匙
白芝麻 ⋯ 1 大匙　　　柴魚粉 ⋯ 1 大匙
黑芝麻 ⋯ 1 大匙　　　薑粉 ⋯ 1 小匙
花椒 ⋯ 1 小匙　　　　柳橙皮屑 ⋯ 1/2 顆量
　　　　　　　　　　　乾燥細海鹽 ⋯ 100g

作 法

1 所有材料攪拌均勻。
2 裝入密封罐內，放在常溫陰涼處保存。

CHAPTER

4

風味鹽的
美味魔法料理

flavored
salts

抹醬・慕斯
- spreads · mousses -

在製作抹醬時拌入喜歡的風味鹽，
直接以蔬菜棒、麵包、餅乾沾食就好吃，
做成三明治、加入料理更是獨具滋味。

歐芹醬

百里香美乃滋

羅勒鯷魚醬

歐芹醬

用來沾麵包、餅乾或當沙拉淋醬都很萬用。

材料

巴西里（去梗）…30g
洋蔥（切碎）…1/4顆
大蒜（拍扁）…2瓣
黃檸檬皮屑…1/2顆
檸檬汁…2大匙
香芹大蒜鹽…1小匙
橄欖油…100cc

作法

1　將洋蔥碎加入1/2小匙鹽（材料分量外）
　　拌勻，靜置5分鐘出水後瀝乾。

2　所有材料放入調理機拌勻即完成。裝罐
　　冷藏保存約1週。

 | recommended SALT |
檸檬鹽、柳橙鹽、大茴香八角鹽、法國普羅旺斯鹽

百里香美乃滋

自己做更清爽，獨樹一格的香草隱味。

材料

常溫蛋黃…1個
百里香檸檬鹽…1/4小匙
糖…1/4小匙
米醋…2小匙
芥末籽醬…1小匙
植物油…100-120cc
白胡椒…少許

作法

1　在乾淨乾燥的調理盆內，放入蛋黃、百里香檸檬
　　鹽、糖、米醋與芥末籽醬，用打蛋器攪拌均勻。

2　一邊慢慢滴入植物油，一邊用打蛋器攪拌，直到
　　乳化膨發成美乃滋狀，再加入白胡椒即完成。冷
　　藏保存約2週。

 | recommended SALT |
所有風味鹽都合適製作

羅勒鯷魚醬

濃縮了海洋鮮味的青草香氣。

材料

羅勒葉…90g
核桃…30g
大蒜（拍扁）…2瓣
罐頭油漬鯷魚…2片
羅勒鹽…2小匙
橄欖油…150-200cc

作法

1　在小鍋中乾炒核桃，炒到香氣出來後關火。

2　先將核桃、大蒜、鯷魚放入調理機中打碎，再倒入橄
　　欖油、放入羅勒葉與羅勒鹽，整體打成泥狀即完成。
　　裝罐冷藏保存。

 **| recommended SALT |**
月桂鹽、香芹大蒜鹽、義大利西西里鹽

百里香鹽
鮭魚慕斯

燻鮭魚的鹹香油脂搭上百里香鹽，
忍不住一口接一口的開胃小點。

| recommended SALT |
羅勒鹽、紫蘇鹽、香芹大蒜鹽、
大茴香八角鹽、法國普羅旺斯
鹽、義大利西西里鹽

材料

		配料	
燻鮭魚 … 100g			餅乾、酸豆、
洋蔥 … 1/4 顆			黑橄欖、
酸豆 … 1 小匙			燻鮭魚、
百里香檸檬鹽 … 1/2 小匙			新鮮百里香 適量

作法

1 將所有材料放入調理機中攪打均勻，
即完成鮭魚慕斯。

2 將鮭魚慕斯放在餅乾上，上面再依喜
好點綴酸豆、黑橄欖、燻鮭魚、新鮮
百里香等。

▶ POINT

• 若再加些奶油乳酪（cream cheese），就能做成
更接近慕斯的滑順質地，感受不一樣的風味。

• 用兩支湯匙輪流互扣，就能把鮭魚慕斯整理成
漂亮的橄欖狀。

楓糖胡桃抹醬

透過熬煮讓楓糖香氣更濃郁，
再以檸檬鹽增添宜人香氣與風味層次。

| recommended SALT |
柳橙鹽、迷迭香鹽、月桂鹽、薄荷鹽

材料

胡桃 … 100g
楓糖漿 … 70cc
檸檬鹽 … 1/2小匙
植物油 … 2大匙

作法

1 胡桃放入烤箱，以150℃烤15分鐘。

2 楓糖漿放入小鍋中煮至糊狀。

3 胡桃放入研磨缽中，加入檸檬鹽、煮至糊狀
的楓糖漿與植物油，研磨至潤滑即完成。

〈 POINT 〉

• 可以換成核桃等其他堅果，能品嚐到不一樣的香氣。

• 裝罐冷藏保存約1個月。拿來搭配厚片吐司或餅乾都很美味。

• 楓糖漿煮到如圖般用鏟子劃過時會形成兩半的濃稠度。經濃
  縮後，楓糖味道會更加濃郁。

香料鹽奶油
直火烤吐司

| recommended SALT |
所有風味鹽都合適製作

將風味鹽與奶油輕輕拌合,快速完成帶有高級感的香草奶油。
塗抹麵包、烘焙甜點、料理烹調,取代一般奶油使用。

材料

厚片土司⋯1 片
有鹽奶油(室溫)⋯100g
法國普羅旺斯鹽⋯1 小匙

作法

1 室溫有鹽奶油與法國普羅旺斯鹽攪拌均勻。

2 厚片土司一切為二成長條狀。

3 卡式爐上架上烤網,放上吐司將兩面烤到金
　黃香酥。

4 趁熱,挖香料鹽奶油放在吐司
　上融化滲入即可。

沙拉
– salads –

將風味鹽和所有食材一同拌勻，
在鹹度外更增添香氣，簡簡單單，
端出一道道清爽美味的開胃沙拉。

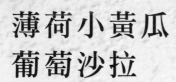

薄荷小黃瓜
葡萄沙拉

清脆爽口又充滿香氣，仙女般的優格沙拉。

材料

小黃瓜…1根
綠葡萄…10顆
原味優格…50g
橄欖油…1小匙
薄荷鹽…1小匙
薄荷葉…10片

作法

1　小黃瓜用削皮刀去皮後，切圓形薄片，加少許鹽（材料分量外）抓醃，出水後擰乾。

2　綠葡萄斜對切，與小黃瓜、優格、橄欖油、薄荷鹽均勻混拌。

3　最後撒上薄荷葉即完成（想要味道更濃可以將薄荷葉切絲）。

 | recommended SALT |
紫蘇鹽、檸檬鹽，
以及其他花菓鹽（P.50）

POINT

• 小黃瓜去皮後口感、味道會比較接近水果，與葡萄搭配相當和諧。

• 葡萄斜斜對切成兩半，切面比較漂亮。

檸檬胡椒拌雞絲

結合脆口蔬菜與軟嫩雞絲的開胃沙拉。

| recommended SALT |
花椒鹽、五香鹽、柳橙鹽

材料

雞胸肉…100g
高麗菜（切小塊）…1/4顆
洋蔥（切細絲）…1/4顆
香菜（取嫩葉）…1小株
黑胡椒粒…1/2大匙
檸檬鹽…1小匙
橄欖油…2大匙

作法

1 煮沸一鍋鹽水（水1000cc：鹽50g），迅速汆燙高麗菜，取出泡冰水。

2 燙完高麗菜的水，放入雞胸肉，以小火煮熟後撈起來放涼，剝成雞絲。

3 黑胡椒粒放入塑膠袋或研磨缽中敲碎，再加入檸檬鹽與橄欖油拌勻。

4 將高麗菜擠掉水分，與雞絲、洋蔥絲、香菜葉一同放入步驟**3**的調味料中，抓拌均勻即完成。

茴香鷹嘴豆鮪魚沙拉

薄荷豌豆塔布勒沙拉

〈 POINT 〉
材料中的美乃滋也可以換成自製美
乃滋（P.63），增加多一道風味。

茴香鷹嘴豆鮪魚沙拉

拌一拌就完成多層次的經典美味。

材料

鷹嘴豆…1罐（400g）
水煮鮪魚罐頭…1罐
洋蔥（切細絲）…1/2顆
葡萄酒醋…1大匙
美乃滋…100g
大茴香八角鹽…1小匙

作法

1 鷹嘴豆與鮪魚瀝乾水分。

2 先取洋蔥絲、葡萄酒醋、美乃滋、大茴香八角鹽用手抓一
抓，再加入鮪魚，最後加入鷹嘴豆拌勻即完成。

| recommended SALT |
百里香檸檬鹽、月桂鹽、香芹大蒜鹽

⟨ POINT ⟩

• 北非小米在台灣販售的包裝，大多是一盒為500g。一人份用量大約可以抓80g。與熱開水的適當比例為1：1。

• 冷凍的豌豆仁（或冷凍蔬菜）泡熱水後，蓋保鮮膜靜置一會兒就能食用，不需要用滾水煮。

薄荷豌豆塔布勒沙拉

以薄荷鹽的風味襯托出超乎想像的豌豆好感。

材料

北非小米 couscous … 500g
熱開水 … 500cc
薄荷鹽 … 1小匙
橄欖油Ⓐ … 2大匙

調味醬汁
| 橄欖油 … 2大匙
| 檸檬汁 … 2大匙
| 白葡萄酒醋 … 2大匙
| **薄荷鹽** … 1小匙

豌豆仁（燙熟）… 100g
香菜（帶梗一起切碎）… 3株
橄欖油Ⓑ、海鹽、黑胡椒 … 適量

作法

1 鍋中放入北非小米、薄荷鹽、橄欖油Ⓐ，倒入熱開水，加蓋燜10分鐘。

2 把調味醬汁材料全部攪拌均勻。

3 用叉子將燜熟的北非小米撥鬆，倒入調味醬汁拌勻。

4 拌勻豌豆仁、香菜與北非小米，再加入橄欖油Ⓑ、海鹽與黑胡椒調味即完成。

 | recommended SALT |
百里香檸檬鹽、月桂鹽、紫蘇鹽、檸檬鹽

紫蘇雞肉庫斯庫斯

同時加入紫蘇葉和紫蘇鹽，
同時擁有新鮮香草與乾燥香草的風味與香氣。

| recommended SALT |
百里香檸檬鹽、羅勒鹽、月桂鹽、
香芹大蒜鹽、大茴香八角鹽

材料

北非小米 couscous … 500g
熱開水 … 500cc
紫蘇鹽Ⓐ … 1 小匙
橄欖油Ⓐ … 2 大匙

調味醬汁
| 橄欖油 … 2 大匙
| 檸檬汁 … 2 大匙
| 白葡萄酒醋 … 2 大匙
| **紫蘇鹽** … 1 小匙

紫蘇葉（剪絲）… 4 片
雞胸肉 … 1 片
橄欖油Ⓑ … 1 大匙
紫蘇鹽Ⓑ … 1/4 小匙
橄欖油、海鹽、黑胡椒 … 適量

作法

1 鍋中放入北非小米、紫蘇鹽Ⓐ、橄欖油Ⓐ
，倒入熱開水，加蓋燜 10 分鐘。

2 把調味醬汁材料全部攪拌均勻。

3 用叉子將燜熟的北非小米撥鬆，倒入調味
醬汁拌勻，加入剪成細絲的紫蘇葉。

4 雞胸肉淋上橄欖油Ⓑ、撒上紫蘇鹽Ⓑ按摩
均勻後，放入平底鍋中煎熟。

5 把煎好的雞胸肉與北非小米盛盤即完成。
再依喜好用橄欖油、海鹽、黑胡椒調味。

紫蘇蔥絲白肉沙拉

以餘溫熟成維持雞胸軟嫩口感，
結合紫蘇與芝麻的獨特和風沙拉。

材料

雞胸肉或雞柳條…2塊
水…500cc
清酒…2大匙
蔥白…1根
紫蘇葉…3片
紫蘇鹽…1小匙
白芝麻油…3大匙
胡椒…適量

作法

1 蔥白斜切細絲，紫蘇
  葉捲起來用剪刀剪成
  細絲，泡水備用。

2 水加入清酒煮沸
  後，放入雞胸肉，
  肉變白後關火靜置
  至肉熟。

3 雞胸肉用紙巾擦乾
  水分，切斜片。蔥
  絲、紫蘇絲、紫蘇鹽
  拌勻。

4 雞胸肉先擺盤，再放上
  蔬菜絲，白芝麻油加熱
  至香氣四溢後淋上去，
  再依喜好撒上胡椒。

> **POINT**
> 雞肉不需要煮到全熟，
> 靜置在熱水中讓它慢慢
> 熟化，切開不帶雞膚
> 色、全白即可，如此便
> 能形成柔嫩的口感。

| recommended SALT |
月桂鹽、薄荷鹽、香芹大蒜鹽、
大茴香八角鹽

茴香鹽醃小黃瓜

蘊藏香料風味的自製酸黃瓜。

透過時間讓風味徹底滲透進食材，自製出獨一無二的醃漬小菜、肉品、海鮮。

recommended SALT

迷迭香鹽、紫蘇鹽、薄荷鹽、檸檬鹽、香芹大蒜鹽

材料

洋蔥（縱切6-8等分）⋯1顆
小黃瓜（切3公分長段後對半切）⋯2條

醃汁		
水⋯250cc	月桂葉⋯1片
蘋果醋⋯250cc	丁香⋯2根
糖⋯1大匙	黑胡椒粒⋯10粒
大茴香八角鹽⋯2小匙	乾辣椒⋯1根
芥末籽醬⋯1小匙	

作法

1 鍋中放入醃汁所有材料，煮至沸騰後轉小火煮2分鐘，即可關火。

2 洋蔥與小黃瓜裝罐，趁熱倒入香料醃汁。涼透後冷藏保存。

▶ POINT

醃漬蔬菜放冰箱約可存放1個月，但1星期內食用風味最佳。

茴香鹽醃小黃瓜

紫蘇鹽漬白菜

紫蘇鹽漬白菜

加入昆布鮮味的日式醃漬小菜。

| recommended SALT |
檸檬鹽、香芹大蒜鹽

材料

白菜（切大塊）… 1/4 顆

醃汁

| 水 … 250cc
| 白醋 … 250cc
| 糖 … 1 大匙
| **紫蘇鹽** … 2 小匙
| 昆布 … 10 公分
| 乾辣椒 … 2 根

作法

1 鍋中放入醃汁所有材料，煮至沸騰後轉小火煮 2 分鐘，關火。

2 鍋中裝入適量水煮沸後，放入白菜煮 1 分鐘殺青。

3 白菜撈出瀝乾裝罐，趁熱倒入香料醃汁。涼透後冷藏保存（約可存放 1 個月）。

檸檬鹽漬嫩薑

開胃的柑橘香氣，一吃上癮的酸爽脆口。

| recommended SALT |
紫蘇鹽、薄荷鹽

材料

嫩薑 … 200g

醃汁

| 醋 … 200cc
| 糖 … 3 大匙
| **檸檬鹽** … 1 小匙

作法

1 鍋中放入醃汁所有材料煮溶後，放涼。

2 嫩薑刨成薄片，泡水 10 分鐘後，再放入沸水中煮 1 分鐘。

3 薑片趁熱撈出瀝乾裝罐，隨即倒入醃汁。涼透後冷藏保存（約可存放 1 個月）。

檸檬鹽漬嫩薑

鹽醃檸檬

以雙倍檸檬香氣陳釀時間的美好滋味，
取代調味料放入燉菜或做成飲品都令人驚豔。

 | recommended SALT |
百里香檸檬鹽、月桂鹽、柳橙鹽

材料

黃檸檬…3顆
檸檬鹽…與檸檬等重量

作法

1 取2顆檸檬，切成八等分，或切
　圓片皆可。去籽。

2 剩下的1顆檸檬擠汁。

3 容器底部先撒上一層鹽，再擺上
　一層檸檬片，接著依序一層鹽一
　層檸檬片擺放，最後頂端為鹽，
　淋上檸檬汁後蓋上蓋子。

4 冰箱冷藏保存，1個月後滲入
　鹽的檸檬片即可使用。

POINT

鹽醃檸檬是鹽分很高的保
存食品，只要確保容器密
封度高、乾淨乾燥，可冷
藏許久的時間。

≡ 延伸料理 ≡

香料漬菜蛋沙拉
開放三明治

將醃漬菜做成爽口沙拉，
簡單夾入麵包就美味無比。

材料

水煮蛋…2顆
自製醃洋蔥（參考 P.76）…2塊
自製醃黃瓜（參考 P.76）…1塊
美乃滋（市售或自製 P.63）…40g
芥末籽醬…1小匙
大茴香八角鹽…1/4小匙
黑胡椒…適量
喜愛的麵包…適量

作法

1 水煮蛋切塊，醃洋蔥瀝乾切碎狀、醃黃瓜瀝乾切薄片。

2 與美乃滋、芥末籽醬攪拌均勻，再加大茴香八角鹽、胡椒調味。

3 夾進麵包裡即完成。

≡ 延伸飲品 ≡

醃檸檬飲

以鹽醃檸檬自製港式鹹檸七，
迅速完成清涼舒心的美麗飲品。

材料

鹽醃檸檬…適量
冰塊…適量
檸檬蘇打汽水…1杯

作法

1 杯中放入鹽醃檸檬，搗一搗。

2 放入冰塊，倒入檸檬蘇打汽水，
攪拌均勻即完成。

法式鹽醃鮭魚

鮭魚油脂與風味鹽的完美結合，
簡單烤過就無比美味。

材料

帶皮鮭魚菲力…2塊

醃料
法國普羅旺斯鹽…1大匙
大蒜碎…1小匙
檸檬汁…1大匙
橄欖油…50cc

作法

1 醃料的所有材料攪拌均勻。

2 鮭魚均勻抹上醃料，用保鮮膜一片一片包緊，放入冰箱冷藏30分鐘入味。

3 將鮭魚放在烤盤上，放入預熱好的烤箱中，以200℃烤15-20分鐘即完成。

POINT

• 如果要省事一點，可以直接在烤盤上放入醃料與鮭魚，包覆好保鮮膜，待入味後連同烤盤進烤箱。

• 如果是比較薄的魚片，請減少烘烤時間，以免影響肉質柔軟度。醃漬時間也可依照喜歡的鹹度調整。

 | **recommended SALT** |
迷迭香鹽、百里香檸檬鹽、羅勒鹽、月桂鹽、檸檬鹽、香芹大蒜鹽、義大利西西里鹽、土耳其香料鹽、印度咖哩鹽

香料鹹豬肉

煎烤都好吃的自製鹹豬肉，
換一種鹽就能變化出
不同的風味。

材料

豬五花…1條（約400g）

醃料
五香鹽…20g
糖…1大匙
米酒…1大匙

作法

1 豬五花用紙巾吸除血水後，於表面戳洞，均勻抹上醃料。用保鮮膜緊緊包覆後，放入冰箱冷藏一晚入味。

2 將豬五花的水分擦乾，放入預熱好的烤箱中以200℃烤20-25分鐘，即可切片享用。

〈 POINT 〉

醃漬時用保鮮膜一條一條單獨密封，更容易入味。醃漬一晚是鹹度較高的傳統作法，可自行縮短時間，但建議至少要1個小時。

| recommended SALT |
花椒鹽、土耳其香料鹽、印度咖哩鹽、紐奧良肯瓊鹽

油泡
– confits –

以風味鹽做出溫潤融合的香料油，
再將食材浸泡鎖住鮮度與水分。
油脂隔絕空氣的特性，
也同時具備耐存放的便利性。

迷迭香油漬蕈菇

各種蕈菇都很適合油泡的作法，
以風味鹽添加香草氣息，讓滋味更充沛。

| recommended SALT |
月桂鹽、香芹大蒜鹽

材料

綜合蕈菇…400g
蘋果醋…300cc
水…300cc
迷迭香鹽…15g
檸檬片…2片
大蒜…2瓣
月桂葉…1片
黑胡椒…10粒
橄欖油…適量

作法

1 鍋中放入醋、水、迷迭香鹽、檸檬片，煮至沸騰後，放入蕈菇以中火煮10分鐘。

2 濾出蕈菇，鋪在網上瀝水放涼。

3 蕈菇、大蒜、月桂葉、胡椒裝入容器中，倒入淹過蕈菇的橄欖油即完成。冰箱冷藏保存。

百里香油漬帆立貝

以超市就有販售的熟凍帆立貝輕鬆完成，
換成干貝等其他扇貝也很美味。

材料

扇貝…10顆
百里香檸檬鹽…1小匙
大蒜（拍扁）…1瓣
月桂葉…1片
清酒…1大匙
植物油…適量

作法

1 扇貝均勻撒上百里香檸檬鹽，
静置10分鐘後壓乾水分。

2 起油鍋，將扇貝兩面煎上色，
嗆入清酒後取出。

3 扇貝裝入容器內，放入大蒜與
月桂葉，倒入植物油至淹過扇
貝即完成。冰箱冷藏保存。

〈**POINT**〉

植物油的選擇依照個人喜好。
如果使用橄欖油等味道重的
油，就會有橄欖油的味道。希
望突顯其他食材風味時，建議
選擇沒有獨特味道的油，例如
葵花油、葡萄籽油等。

 | **recommended SALT** |
羅勒鹽、月桂鹽、紫蘇鹽、薄荷鹽、香芹大蒜鹽

紅蔥鹽油漬柳葉魚

先將風味鹽的味道融入魚肉中，再以油漬封存宜人香氣。

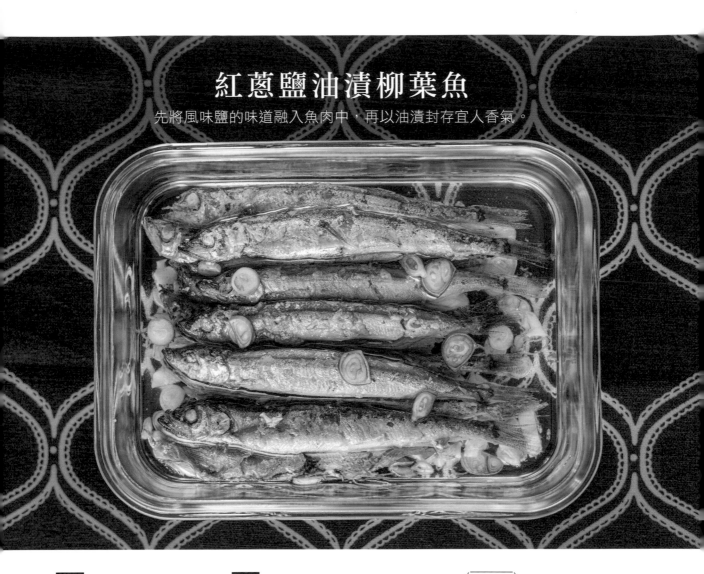

材料

柳葉魚…10尾
台灣紅蔥香蒜鹽…1小匙
大蒜（拍扁）…2瓣
紅蔥頭（切細圈）…3瓣
清酒…1大匙
植物油…適量

作法

1 用1大匙油化開台灣紅蔥香蒜鹽，均勻塗抹在柳葉魚上。

2 起油鍋，將柳葉魚兩面煎熟煎上色。

3 柳葉魚裝入容器內，放入大蒜與紅蔥頭，倒入清酒、植物油至淹過柳葉魚即完成。冰箱冷藏保存。

〈 POINT 〉

魚下鍋後，煎到香味出來再翻面，反覆翻面三四次，過程中流出來的水分用紙巾吸除。持續用中小火慢煎，最後壓肚子中間感覺硬硬的就表示煎熟了。

| recommended SALT |
百里香檸檬鹽、羅勒鹽、紫蘇鹽、
檸檬鹽、印度咖哩鹽、紐奧良肯瓊鹽

烘烤
— roast —

交給烤箱即可完成的美味料理。
以風味鹽取代一般食鹽調味，透過烘烤時的熱度，
讓香草香料的氣味與食材的水分、油脂融合，
不用顧火，自然而然就形成好吃的味道。

普羅旺斯番茄盅

輕輕鬆鬆就能做出華麗的烤箱料理，
以法國風味鹽大幅提升香氣層次。

 | recommended SALT |
台灣紅蔥香蒜鹽、義大利西西里鹽、
印度咖哩鹽

材料

牛番茄…2顆
大蒜碎…1小匙
法國普羅旺斯鹽…1/2小匙
黑胡椒…少許
麵包粉…30g
植物油…3大匙

作法

1 牛番茄從蒂頭往下1/4處橫切開。底部的番茄盅用小刀沿邊緣繞一圈，再用湯匙挖出中間的果肉。果肉去籽切碎備用。

2 鍋中倒入少許油，炒香大蒜碎，熄火後拌入法國普羅旺斯鹽、番茄果肉、黑胡椒與麵包粉。

3 填入挖空的番茄盅內，連同番茄蓋一起放在烤盤上。放入預熱好的烤箱中，以200℃烤約10分鐘即完成。

月桂鹽
爐烤蔬菜

交給烤箱就完成的豐盛宴客料理，
以風味鹽調味讓香氣昇華。

 **| recommended SALT |**
迷迭香鹽、羅勒鹽、香芹大蒜鹽、
大茴香八角鹽、台灣紅蔥香蒜鹽

材料

喜歡的蔬菜與蕈菇
（如洋蔥、茄子、甜椒、南瓜）
月桂葉…2片
黑胡椒粒…10顆
大蒜（輕拍）…4瓣
月桂鹽…2小匙
植物油…200cc
胡椒…適量

作法

1　蔬菜隨意切成喜歡的形狀。

2　鍋中裝入適量水，加入月桂鹽1小匙，煮熟南瓜。

3　所有蔬菜、月桂葉、黑胡椒粒、大蒜放入烤盤上，均勻撒
　　上月桂鹽1小匙、淋上植物油，混拌均勻。

4　放入預熱好的烤箱中，以
　　200℃烤約15-20分鐘，蔬
　　菜烤軟，取出後再均勻撒
　　上現磨胡椒即完成。

POINT

南瓜如果沒有先煮過，口
感會比較硬，烘烤時間建
議拉長至30-40分鐘。

紐奧良烤雞翅

以風味鹽製作香料油讓滋味更融合，
在烘烤的熱度中自然形成美味。

材料

雞翅…1盒（二節翅8支）

香料油

| 紐奧良肯瓊鹽…1小匙
| 辣椒粉…1/4小匙
| 黑胡椒…1/4小匙
| 蒜末…1大匙
| 植物油…100cc

作法

1 將香料油材料混拌均勻。

2 雞翅用紙巾拭乾水分後，在肉中間
劃刀，與香料油抓醃按摩。

3 放入預熱好的烤箱中，以200℃烤
約20分鐘即完成。

POINT

- 製作香料油時，建議利用手溫混拌，讓
香料本身的油脂性精油溶入植物油裡。

- 將肉劃刀，可以幫助香料入味，若要香
氣更濃烈，還可把香料塞進劃開的洞裡
一起烤。劃開的肉也比較容易熟。

鼠尾草蜜桃烤雞

肉先以鹽醃入味，再加上醬料烘烤，
濕潤感較高的柔嫩雞肉烤箱料理。

| recommended SALT |
所有風味鹽都合適製作

材料

帶骨雞肉…400g
鼠尾草鹽、胡椒…適量
大蒜碎…1大匙
蜜桃果醬…50g
伍斯特醬…1小匙
植物油…3大匙

作法

1 帶骨雞肉用紙巾拭乾水分後，均勻撒上鼠尾草鹽與胡椒，抓醃。

2 烤盤上放醃好的雞肉、大蒜碎、蜜桃果醬、伍斯特醬與植物油，用手拌均勻。

3 放入預熱好的烤箱中，以200℃烤25分鐘即完成。

土耳其香料鹽烤雞

充分釋放香料氣味的風味鹽,
能夠讓食材更快速擁有層次美味。

| recommended SALT |
所有風味鹽都合適製作

材料

棒棒腿…6隻
土耳其香料鹽…6小匙
大蒜碎…6小匙
黑胡椒…1.5小匙
植物油…6小匙

作法

1 棒棒腿用紙巾拭乾水分後,用手指沿著
皮與肉之間劃開筋膜,把皮拉下**A**,並
且在肉中間劃刀**B**。

2 接著用土耳其香料鹽、大蒜碎、黑胡椒
與植物油均勻按摩後**C**,將皮拉起,別
上牙籤固定住**D**。

3 放入預熱好的烤箱,以210℃烤約20分
鐘,烤至皮香肉熟即完成。

POINT

• 將雞腿先脫皮的方式,能夠讓調味料封鎖在
皮肉間,烹調後更入味。

• 調味料的用量,約為每隻棒棒腿1小匙鹽、1
小匙蒜碎、1小匙油、1/4小匙黑胡椒。可自
行依照實際製作量增減。

柑橘風味烤雞佐烤蘋果

水果的香氣能夠勾起食慾，
以少量調味達到感官的大滿足。

 | recommended SALT |
也很適合換成綜合香料鹽，
增添水果調性以外的香氣

材料

帶骨雞肉…400g
醃料｜**柳橙鹽**…1小匙
　　｜胡椒…1/4小匙
蘋果（切八等分）…2顆
大蒜（拍開）…4瓣

柳橙皮屑…1顆量
柳橙鹽…1小匙
柳橙汁…50cc
植物油…2大匙

作法

1 帶骨雞肉用紙巾拭乾水分，均勻撒上醃料，抓醃。

2 烤盤上放醃好的雞肉與其他所有材料，用手拌均勻。

3 放入預熱好的烤箱中，以200℃烤約25分鐘即完成。

烤香料排骨馬鈴薯

以不同的風味鹽堆疊層次，
讓一道料理輕鬆呈現多樣化風貌。

| recommended SALT |
鼠尾草鹽、花椒鹽、五香鹽、
台灣紅蔥香蒜鹽

材料

豬小排…200g

醃料
| 醬油…1大匙
| 檸檬汁…1大匙
| 蜂蜜…1大匙
| **紐奧良肯瓊鹽**…1/2大匙

植物油…2大匙
馬鈴薯（帶皮切大塊）…2個
迷迭香鹽…1小匙

作法

1 排骨用紙巾拭乾水分。將醃料的全部材料攪拌均勻，抓醃排骨。

2 鍋中倒入適量水，放入馬鈴薯與迷迭香鹽，煮熟透。

3 將排骨與馬鈴薯排在烤盤上，淋上植物油。

4 放入預熱好的烤箱中，以200℃烤25分鐘即完成。

POINT

如果希望香草香氣更濃郁，
可以加入新鮮香草香料一起烤。

香烤鹽漬豬肉

抹好醃料直接進烤箱，
不開火也能完成的豐盛主菜。

材料

五花肉⋯1 條

醃料
五香鹽⋯1 大匙
紅糖⋯50g
大蒜碎⋯4 大匙
檸檬汁⋯1/2 顆量
胡椒粉⋯1/2 小匙
植物油⋯1 大匙

香菜⋯少許

 | recommended SALT |
各種風味鹽都合適製作

作法

1 五花肉用紙巾拭乾水分。醃料的所有材料與五花肉按摩拌勻。

2 把五花肉放在烤盤上，放入預熱好的烤箱中，以200℃烤約
20-30分鐘。

3 烤好取出，切片裝盤，可以再依照喜好搭配香菜葉食用。

〈 **POINT** 〉
鹽漬豬肉的鹽量少，醃漬時間短，相較於滋味已經充分滲入的鹹豬肉
（參考 P.81），味道停留在表層，但更適合做為單獨享用的主菜。

香料麵包粉烤魚

| recommended SALT |
各種風味鹽都合適製作

將風味鹽混合麵包粉裹覆魚肉外層，
烤箱料理也能兼具迷人香氣與酥脆口感。

材料

鯛魚…2片

香料麵包粉
| 麵包粉…100g
| 乾燥巴西里…1大匙
| 核桃碎…2大匙
| 檸檬皮屑…1顆量
| **羅勒鹽**…1小匙
| 黑胡椒…1小匙

低筋麵粉…4大匙
雞蛋（打散）…2顆
橄欖油…適量

作法

1 將香料麵包粉的全部材料攪拌均勻。

2 鯛魚斜切塊狀，依序裹薄麵粉、蛋液、香料麵包粉，排列在鋪好烘焙紙的烤盤上。

3 放入預熱好的烤箱中，以210℃烤約10分鐘即完成。可依喜好沾任何風味鹽享用。

〈 POINT 〉

做好的香料麵包粉也很適合用在其他料理上，炸豬排或炸蝦，油炸烘烤都很好吃。一次沒用完可以放冰箱冷藏保存。

香料鹽烤蝦

即便是相同的食材與烹調方式，
只要換一種風味鹽，滋味就截然不同。

 | recommended SALT |
所有風味鹽都很合適製作

材料

蝦（去腸泥）⋯300g

香料油
紐奧良肯瓊鹽⋯1小匙
黑胡椒⋯1/4小匙
香菜梗（切碎）⋯3大匙
紅辣椒（切小片）⋯1/2根
蒜末⋯1大匙
檸檬皮屑⋯1/2顆量
植物油⋯100cc

作法

1 把香料油的全部材料混拌均勻。

2 蝦身擦乾水分，與香料油用手抓醃按摩。

3 放入預熱好的烤箱中，以200℃烤15分鐘
即完成。

煎炸・拌炒
- fry・stir -

由於風味鹽中的香氣已經充分與鹽融合，
不需要再花時間等待香料或香草的味道釋放，
即使用在煎肉煎魚炒菜等家常烹調中，
也能夠快速導入風味，呈現多樣化的料理風貌。

胡麻油煎牛肉捲

藍氏煎牛排佐香料鹽

藍氏煎牛排佐香料鹽

我們家獨特的家傳牛排吃法。
西式牛排、迷迭香鹽,結合中式麻油,
大膽的異國組合,毫無懸念的美味。

| recommended SALT |
各種香草鹽、檸檬鹽、柳橙鹽、
香芹大蒜鹽、綜合香料鹽

材料

牛小排…2片
麻油…1大匙
迷迭香鹽…適量
胡椒、風味鹽…適量

作法

1 牛排用紙巾拭乾水分,均勻抹上麻油後🅐,
   用保鮮膜緊密包覆以杜絕空氣🅑,放進冰箱
   冷藏2小時入味。

2 料理前30分鐘取出,恢復室溫。

3 用紙巾將麻油擦乾,均勻撒上迷迭香鹽🅒。

4 平底鍋中用紙巾抹一點麻油,將牛小排兩面
   煎香煎熟🅓。

5 依喜好撒上胡椒,佐風味鹽食用。

<POINT>

• 煎比較薄的肉時,可以在上面蓋烘焙紙、壓重物,
   這樣肉不會捲起來,外觀比較平整漂亮。

• 吸了麻油的牛肉,肉質會更軟嫩,也會帶有一股麻
   油香氣。

• 這裡選用的是帶骨牛小排,屬於骨邊肉,煎到近全
   熟反而容易咬,不需要精準掌控熟度。

胡麻油煎牛肉捲

麻油牛肉的另一種美味吃法，
夾入大量蔬菜，清脆不膩口。

材料

雪花牛肉火鍋片…6片
紅椒、黃椒…各1/2顆
芥末籽醬…1小匙
白酒…1/2大匙
巴薩米克醋…1大匙
麻油…適量
鼠尾草鹽、黑胡椒…適量

 | recommended SALT |
各種綜合香料鹽都很合適

作法

1 紅黃椒去籽、去隔膜，切等長細絲後，平均分成六份。

2 用牛肉片將紅黃椒捲起，共六捲。

3 在肉捲上均勻撒上鼠尾草鹽與黑胡椒，並淋上少許麻油，用手塗
   抹均勻。

4 鍋中倒入少許麻油，將肉捲的開口朝下放入，以大火煎出肉香。

5 加入芥末籽醬、淋上白酒，蓋上鍋蓋2分鐘後，開蓋淋上巴薩米克
   醋即完成。

花椒炸雞

除了抓醃用的鹽以外，
炸好後也可以搭配不同風味鹽，
感受更多層次的味道與香氣變化。

材料

去骨雞腿⋯4 片

醃料
| 清酒⋯2 大匙
| 醬油⋯1/2 大匙
| **花椒鹽**⋯1 小匙
| 黑胡椒碎粒⋯1/4 小匙
| 檸檬汁⋯1 大匙

低筋麵粉⋯適量

美乃滋、風味鹽⋯適量

作法

1 去骨雞腿用紙巾拭乾水分，切塊狀後，與醃料的所有材料一起抓醃按摩，並靜置30分鐘。

2 準備一個塑膠袋裝麵粉，將醃好的雞塊擦乾水分後放進去，充分搖一搖，使其均勻地裹上一層薄麵粉。接著放在砧板上靜置一會兒反潮。
🅐🅑🅒

3 平底鍋中倒入足夠的油（剛好可以淹過肉），加熱到中溫時放入雞塊，用筷子多次翻面，邊煎邊炸至金黃香酥即可🅓。可依喜好搭配風味鹽或美乃滋一起食用。

⟨ POINT ⟩

• 利用塑膠袋沾裹麵粉，能夠更均勻、不厚重，也方便清潔與操作。

• 當雞塊炸到呈現金黃要轉褐色時先撈起來，以免持續受熱，接著再次下鍋快速回炸一遍，這樣口感就會酥脆不柴。此外，要先把雞塊撈出鍋子後再關火，才不會吸油。

| recommended SALT |
所有風味鹽都合適製作

脆煎土耳其香料雞排

簡單的煎雞腿排，
也可以透過風味鹽帶來更多變化。

材料

去骨雞腿⋯2片
土耳其香料鹽⋯適量
黑胡椒碎粒⋯適量
植物油⋯2大匙
芥末籽醬、風味鹽⋯依喜好

 | recommended SALT |
所有風味鹽都合適製作

作法

1 雞腿用紙巾拭乾水分，兩面
  均勻撒上土耳其香料鹽與黑
  胡椒Ⓐ，靜置15分鐘後將水
  擦乾。

2 鍋中倒入植物油，以中小火
  加熱，雞皮面朝下放入鍋中
  Ⓑ，上方鋪烘焙紙，紙上再
  以重物壓住Ⓒ。

3 雞皮面煎至金黃後，翻面再
  壓重物，續煎至熟Ⓓ。

4 起鍋後切成適口大小，依喜
  好搭配芥末籽醬、風味鹽一
  起食用。

> POINT

- 所有的肉類無論要不要清
  洗，烹調前都建議以廚房
  紙巾上下蓋著壓一壓，吸
  除水分。

- 煎的過程中，適時用紙巾
  吸掉多餘的油或水分，這
  樣能讓雞皮擁有脆度。

- 蓋烘焙紙可以避免噴濺。
  用重物壓著可以讓肉保持
  平整，呈現漂亮的外觀。

- 如果想要增添香氣，可以
  在起鍋前嗆酒，清酒或白
  酒都適合。

香料漢堡排

經典料理也可以有豐富變化。
除了月桂鹽、羅勒鹽的百搭香草風味，
換成印度咖哩鹽等綜合香料也別有一番滋味。

| recommended SALT |
迷迭香鹽、羅勒鹽、鼠尾草鹽、
香芹大蒜鹽、所有世界香料鹽

材料

牛絞肉（冷藏）… 140g
豬梅花絞肉（冷藏）… 60g
麵包粉… 2大匙
蛋黃… 1顆
牛奶… 2小匙
月桂鹽… 1/2小匙
白酒或紅酒… 2大匙
橄欖油… 適量

作法

1 除了白酒與橄欖油外，將所有材料放入攪拌盆，充分攪拌、用力摔拌，直到材料均勻、肉打出黏性為止。**A**

2 將肉分成二等分，做成圓球狀，一顆約100-120克，用接球方式左右手來回拋接，排出肉球裡的空氣。**B**

3 將肉球整理成扁圓形，中間壓成凹陷狀。**C**

4 取平底鍋加熱倒入適量橄欖油，放入肉排，以中火，將兩面煎出漂亮焦褐色後，每顆肉排上淋1大匙白酒，轉小火蓋鍋蓋，燜煎約5分鐘。當中心點膨起來**D**，用細竹籤插入，有流出透明湯汁**E**，就是熟了。

⟨ **POINT** ⟩

• 肉類需是冷藏溫度，製作時才會產生黏性。

• 漢堡排中間較不易煎熟，所以中心要捏出一個凹陷形狀，煎的時候會膨脹至熟透、厚度均等。

• 淋入酒後要立刻蓋上鍋蓋，利用蒸氣讓肉排更快熟成、吸收酒香。每顆肉排淋1大匙紅酒或白酒。

香料鹽煎魚

將平常的食鹽替換成風味鹽，
同樣的家常煎魚也能擁有不同風貌。

材料

魚⋯1條
月桂鹽⋯適量
麵粉⋯適量
植物油⋯2大匙

| recommended SALT |
所有香草鹽都合適製作

作法

1 魚身洗乾淨，內部血合用牙刷洗淨
（已處理好的魚可省略此步驟），再
用紙巾擦全乾。

2 魚身斜劃兩、三刀，在魚身、魚內
均勻撒上月桂鹽，再拍上薄麵粉。

3 平底鍋倒入油，油熱了輕輕放入
魚，單面香氣四溢時翻面，煎熟另
一面即完成。

POINT

• 拉開劃刀處撒鹽時，建議戴上手套，避免手被
魚割到時會有弧菌感染的風險。

• 可以利用塑膠袋裝麵粉，把整條魚放進去搖一
搖，就能在外層裹上又薄又勻的麵粉。

• 當一面煎到香氣出來的時候，如果也可以輕易
滑動魚，就表示那一面已熟，是翻面的時機。

百里香馬鈴薯餅

以百里香鹽增添與眾不同的香氣，
早餐中最難以割捨的人氣選項。

材料

馬鈴薯（刨絲）…2顆
火腿（切絲）…2片
百里香檸檬鹽…1/2小匙
中筋麵粉…1大匙
太白粉…1大匙
帕馬森乳酪…100g
乳酪絲…100g
胡椒…1小匙
橄欖油…適量

作法

1 除了橄欖油，將其他材料充分攪
拌均勻。**A B**

2 平底鍋中倒入油加熱，將馬鈴薯
餅材料分成四等分，入鍋整形成
圓形，兩面煎熟即完成。**C D**

| recommended SALT |
所有風味鹽都很合適製作

POINT

薯餅放入鍋中後，等一面煎
到出現香氣、較為凝固後
再翻面，比較不會散掉。

114

檸檬鹽
奶油義大利麵

在奶油醬汁中加入些許檸檬風味鹽，
不搶味又能解膩。

| recommended SALT |
紫蘇鹽、薄荷鹽、柳橙鹽

材料

乾燥義大利麵…150g
紅椒、黃椒、青椒（切條狀）…100g
洋蔥（切片）…1/4顆
大蒜碎…1大匙
橄欖油…適量
白酒…1大匙
檸檬鹽…1小匙
黑胡椒粉…1/4小匙
奶油…20g

作法

1 起一鍋滾水煮義大利麵，起鍋時間要比包裝袋
上標示的減少約2分鐘，沖冷水過濾後，拌點
橄欖油備用。

2 鍋中倒入1大匙橄欖油，先炒香洋蔥與大蒜
碎，再加入甜椒炒香炒軟，鍋邊嗆入白酒。

3 接著加入義大利麵均勻拌炒，接續加入檸檬
鹽、黑胡椒粉調味，最後加入奶油融化，香氣
四溢即可盛盤。

⟨ POINT ⟩

煮義大利麵時，原則上一人份麵條(80-100g)準備
1000cc的滾水，鹽水比例為1000cc水：10g鹽。

鼠尾草
乳酪通心粉

濃厚的乳酪搭配清新香草氣息，
緊緊裹覆在通心粉上的迷人滋味。

 | recommended SALT |
月桂鹽、香芹大蒜鹽、
台灣紅蔥香蒜鹽、印度咖哩鹽

材料

通心粉…120g
乳酪絲…150g
洋蔥（切碎）…1顆
牛奶…200cc
鮮奶油…200cc
奶油…30g
橄欖油…適量
低筋麵粉…2大匙
鼠尾草鹽、黑胡椒…適量

作法

1 起一鍋滾水煮通心粉，時間按照包裝上標
示的減少約2分鐘，起鍋沖冷水過濾後，
拌點橄欖油備用。

2 鍋中放入奶油與1大匙橄欖油，先炒香炒
軟洋蔥，再加入麵粉拌炒，倒入牛奶與鮮
奶油，接著加入乳酪絲融化。

3 最後放入通心粉，以鼠尾草鹽與
黑胡椒調味即完成。

燉煮
– stews –

加入風味鹽增加香氣堆疊，
融合大量食材精華的燉菜和鍋物。
一道料理就能滿足味蕾，溫暖撫慰。

番茄橄欖燉雞肉

雞肉先用風味鹽抓醃入味，
再與大量蔬菜燉煮出濃郁滋味。

| recommended SALT |
羅勒鹽、月桂鹽、紐奧良肯瓊鹽

材料

帶骨雞肉…400g	麵粉…2大匙
迷迭香鹽…適量	雞高湯…400cc
培根（切片）…10公分	去皮番茄罐頭…400g
月桂葉…2片	番茄糊…1大匙
大蒜碎…1大匙	芥末籽醬…2大匙
洋蔥（切片）…1顆	紅酒醋（或巴薩米克醋）…1大匙
紅蘿蔔（切滾刀塊）…1條	橄欖油…適量
橄欖（壓碎）…10顆	**迷迭香鹽**、黑胡椒…適量

作法

1 帶骨雞肉用紙巾拭乾水分，均勻撒上迷
迭香鹽，抓醃。

2 鍋中放入適量橄欖油與培根炒出油香，
放入月桂葉爆香後，拌炒雞肉。再接續
炒香洋蔥、紅蘿蔔、大蒜碎、橄欖。

3 加入麵粉拌炒均勻，再倒入高湯、去皮
番茄、番茄糊、芥末籽醬與紅酒醋。

4 大火煮開後，轉小火撈浮沫，蓋上蓋子
煮約25分鐘後，最後以迷迭香鹽、黑胡
椒調味即完成。

⟨ **POINT** ⟩

• 橄欖不論是帶籽或不帶籽的，做菜時都應該
要壓破，味道才會釋放出來。

• 番茄糊能增添這道菜的水果酸香味，而且形
成更漂亮的色澤。

• 在煮湯或白醬等西式料理時加入麵粉，能夠
增加稠度，有助食材吸附湯汁或醬汁，也能
提升光澤感。

• 由於蔬果經燉煮後還會出水，高湯只需倒入
與食材大約等高的量即可。

清燉鹽醃豬肉

豬肉先以風味鹽醃入味，
經過燉煮依然擁有迷人的滋味香氣。

| recommended SALT |
月桂鹽、花椒鹽、大茴香八角鹽

材料

豬梅花…500g　　丁香…2根
鼠尾草鹽…1大匙　洋蔥（去皮切半）…1顆
胡椒粒…1小匙　　青蔥（打結）…3根
月桂葉…1片

作法

1　豬梅花用紙巾拭乾水分，均勻撒上鼠尾草鹽，用保鮮膜緊密包裹，放冰箱冷藏2小時。

2　取出後擦乾水分，切大塊。

3　鍋中放入所有食材，倒入蓋過肉的水量，大火煮開撈浮沫，轉小火，加蓋煮約40分鐘，煮到肉嫩透即可。

燉野蔬羊排

現在一般超市也能輕易買到冷凍羊排，
以風味鹽去腥解膩，隨意烹調都美味迷人。

材料

羊排…500g

醃料

百里香檸檬鹽…適量
黑胡椒（碎粒）…適量
橄欖油…2大匙

大蒜碎…1大匙
洋蔥（切片）…1顆
白酒…400cc
月桂葉…2片
新鮮百里香…4支
雞高湯…400cc
紅蘿蔔（切滾刀塊）…1條
冷凍豌豆…200g
百里香檸檬鹽、胡椒…適量

作法

1 羊排用紙巾拭乾水分，用指尖抓一撮鹽與胡椒，均勻撒上每片肉的正反面，並淋上橄欖油，按摩均勻。

2 起油鍋，將羊排煎出金黃焦香，加入大蒜碎、洋蔥片炒香炒軟，再倒入白酒。接著放入月桂葉、百里香，將高湯倒入與材料齊高。

3 以大火煮開後撈浮沫，轉小火，蓋上蓋子煮1小時。

4 加入紅蘿蔔後再煮約30分鐘，直到肉煮軟。最後加入豌豆煮5分鐘，用百里香檸檬鹽、胡椒調味。

POINT

紅蘿蔔需要長時間燉煮時，建議購買台灣產的，如果是國外進口的很快就會軟掉化開。

紫蘇魚丸子鍋

自製的紫蘇魚丸子軟嫩滑口，
入口後滿滿的清香與魚肉鮮甜。

材料

紫蘇魚丸子
- 鯛魚（切塊）… 200g
- **紫蘇鹽**… 1/3 小匙
- 太白粉… 1½ 大匙
- 蛋液… 1/2 顆
- 蔥（切末）… 1 根
- 青紫蘇（切絲）… 2 片
- 嫩薑碎… 1 小匙
- 白胡椒… 適量

高湯… 800cc
日本酒… 2 大匙
白菜… 1/2 顆
紅蘿蔔（壓花）… 1 小段

作法

1 將魚肉、紫蘇鹽、太白粉、蛋液放入調理機中，攪拌成魚漿。

2 魚漿再與蔥、青紫蘇、嫩薑、白胡椒充分拌勻備用。

3 鍋中放入高湯與日本酒，加入白菜、紅蘿蔔花煮熟。

4 將魚漿整理成橄欖球狀丸子，入鍋煮至漂浮熟透即完成。

< POINT >

利用兩支湯匙互扣，就能輕鬆將魚漿整成橄欖球狀的丸子。

香料酒蒸蛤蠣

結合清爽的百里香鹽，
帶有舒適奶香的西式酒蒸蛤蠣。

| recommended SALT |
月桂鹽、紫蘇鹽、檸檬鹽、香芹大蒜鹽

材料

蛤蠣（吐沙）…400g
奶油乳酪…40g
奶油…10g
白酒…200cc
百里香檸檬鹽…1小匙
九層塔…適量

作法

1 鍋中最下層先放入蛤蠣，然後將奶油乳酪隨意撕小塊放
上去，並加入奶油、白酒與百里香檸檬鹽。

2 蓋上鍋蓋，開大火蒸煮至蛤蠣開殼即關火。

3 最後拌入九層塔，讓奶油乳酪融化即可。鍋中留下些少
奶油花是正常的喔。

印度風
洋蔥鷹嘴豆烤餅

羅望子的酸味和鷹嘴豆是絕配，
加入印度咖哩鹽更是渾然天成的美味。

材料

鷹嘴豆（瀝掉水分）…1罐　　薑黃…1小匙
洋蔥（切片）…1/2顆　　　　羅望子…20g
番茄（切丁）…100g　　　　溫水…500cc
紅辣椒（切大段）…2根　　　**印度咖哩鹽**…適量
香菜籽…1小匙　　　　　　　墨西哥薄餅皮…適量
孜然…1小匙　　　　　　　　香菜葉…3株

作法

1 先將羅望子放入溫水裡搓揉Ⓐ，過濾出湯汁Ⓑ
備用。

2 起油鍋，爆香紅辣椒、香菜籽、孜然、薑黃
後，依序炒香洋蔥片與番茄丁。

3 倒入羅望子水與鷹嘴豆，蓋蓋子沸騰後轉小
火，煮到蔬菜軟化，開蓋收汁。

4 最後加入印度咖哩鹽調味即可。起鍋與墨西哥
薄餅、香菜一起食用。

⟨**POINT**⟩

羅望子帶酸味，也有類似仙楂的風味。可以在印尼或泰
國商店購買到。常見販售的名稱為「酸子膏」，成分為
羅望果漿，也就是去豆莢的果肉。

| recommended SALT |
土耳其香料鹽

月桂鹽蘆筍
簡易燉飯

利用翻炒讓每粒米吸飽高湯精華，
在咀嚼間散發淡雅細緻的香草風味。

材料

泰國香米⋯2杯
蘆筍⋯1把
大蒜碎⋯1小匙
洋蔥碎⋯3大匙
雞高湯⋯800cc
月桂鹽⋯適量
奶油⋯20g

作法

1 蘆筍去硬皮，留2根燙熟或泡在熱鹽水中備
　用，其餘切小丁。

2 起油鍋，炒香大蒜碎與洋蔥碎後，加入米。

3 將米炒到透明時Ⓐ，分次慢慢加入高湯Ⓑ，
　持續拌炒Ⓒ，每次收汁後再加高湯。

4 米約八分熟時，加入切小丁的蘆筍，並以月
　桂鹽調味，關火拌入奶油Ⓓ提高米飯色澤亮
　度與燉飯稠度。盛盤後擺上預留的整根蘆筍
　作裝飾即完成。

〈 POINT 〉

• 高湯一定要分次加，讓米充分吸入高湯後，再加下
　一次高湯。隨著時間，米會變得越來越難吸水。過
　程中務必一直翻拌米粒，建議可以用矽膠鏟，會比
　較好使力。

• 蘆筍的尾端較老、口感不好，建議切掉不食用。試
　著彎折整根看看，能折斷的就是較鮮嫩的部位。

• 泰國香米比較接近義大利米，若是蓬萊米，因本身
　水分含量較多，煮出來的燉飯口感較軟爛。

• 高湯也可以改用海鮮高湯，做成海鮮風味燉飯。

| recommended SALT |
百里香檸檬鹽、紫蘇鹽、
薄荷鹽、香芹大蒜鹽

湯品
- soups -

只要有調理機或均質機，自己做濃湯相當方便。
在湯中加入風味鹽提味，不需要隨時準備新鮮香草，
也能讓香氣更多層次，做出高級餐廳般的精緻濃湯。

風味鹽
堅果紅蘿蔔湯

一般人家裡很難同時有多種香草，
但只要利用不同的風味鹽，
就能輕鬆堆疊出豐富的香氣。

 | recommended SALT |
薄荷鹽、香芹大蒜鹽、大茴香八角鹽

材料

紅蘿蔔（切薄片）⋯2根
洋蔥（切薄片）⋯1顆
堅果⋯30g
高湯⋯800cc
奶油⋯1大匙
植物油⋯1大匙
牛奶⋯200cc
百里香檸檬鹽⋯1/2小匙
月桂鹽⋯1/2小匙
黑胡椒⋯適量

作法

1 鍋中放入奶油與植物油，炒香炒軟洋蔥
與紅蘿蔔。

2 加入堅果，倒入高湯，大火煮沸後蓋上
鍋蓋以小火煮20分鐘。

3 用調理機（或均質機）打成細滑狀，加
入牛奶調整濃度。最後用百里香檸檬
鹽、月桂鹽、黑胡椒調味即完成。

鼠尾草鹽栗子湯

加入少許風味鹽提味，
超市食材也能做出高級濃湯。

| recommended SALT |
月桂鹽、香芹大蒜鹽

材料

有機天津甘栗（已剝殼）…1袋
洋蔥（切片）…1顆
大蒜碎…1大匙
培根（切小段）…6片
番茄糊…1大匙
高湯…800cc
鼠尾草鹽…適量
黑胡椒…適量

作法

1　先將培根炒出油，再炒香大蒜碎、洋蔥與栗子。

2　加入番茄糊，倒入高湯，大火煮沸後轉小火煮至蔬菜
　　變軟，約25分鐘。

3　放微涼後倒入調理機（或均質機）中打成糊狀，再用
　　鼠尾草鹽、胡椒調味即完成。

迷迭香
森林蕈菇湯

蕈菇和迷迭香是天生的靈魂伴侶，
永遠不會讓人失望的組合。

材料

綜合蕈菇…共350g
（乾燥、新鮮混搭，種類4種以上最佳）
迷迭香…10公分2支
洋蔥（切薄片）…1顆
高湯…400cc
牛奶…200cc
鮮奶油…200cc
植物油…1大匙
迷迭香鹽、白胡椒…適量

 | recommended SALT |
百里香檸檬鹽、羅勒鹽、香芹大蒜鹽

作法

1 鍋中放入植物油爆香迷迭香，香氣出來後加入
洋蔥，炒香炒軟。

2 加入所有蕈菇拌炒後，倒入高湯、牛奶、鮮奶
油煮約15分鐘關火。

3 放微涼後倒入調理機（或均質機）中打成糊
狀，最後用迷迭香鹽、白胡椒調味即完成。

鼠尾草
紅椒地瓜濃湯

滿滿甜椒與地瓜香氣，
綿密又滑順的溫暖湯品。

| recommended SALT |
月桂鹽

材料

地瓜（去皮切小塊）…2個
紅椒（去籽切塊）…1個
洋蔥（切片）…1/2顆
高湯…800cc
植物油…1大匙
鼠尾草鹽、胡椒…適量

作法

1　鍋中放入植物油炒香洋蔥、紅椒與地瓜。

2　加入高湯，大火煮沸後轉小火，蓋上鍋蓋煮20分鐘。

3　放微涼後倒入調理機（或均質機）中，打成糊狀，用鼠尾草鹽、胡椒調味即完成（也可以再依喜好淋上原味優格）。

月桂蘋果南瓜湯

將培根的煙燻鹹香與蔬果清甜，
以香草為橋梁融合成溫潤暖湯。

| recommended SALT |
百里香檸檬鹽、鼠尾草鹽、香芹大蒜鹽

材料

南瓜（去皮切滾刀塊）…300g
蘋果（削皮去籽）…1/2顆
洋蔥（切片）…1/2顆
培根（切小段）…1片
高湯…800cc
月桂葉…1片
橄欖油…適量
月桂鹽…適量

作法

1 起鍋放入橄欖油，爆香培根、月桂葉。

2 接續炒香炒軟洋蔥、蘋果、南瓜，倒入高湯，大
火煮沸後，蓋鍋蓋轉小火煨煮約20分鐘。

3 放微涼後用調理機（或均質機）打成糊狀，再以
月桂鹽調味即完成。

百里香
白花椰馬鈴薯濃湯

溫和的百里香與花椰菜，
加上天然澱粉的濃郁綿滑，
每一口都是順口又舒服的滿足。

| recommended SALT |
月桂鹽、法國普羅旺斯鹽、義大利西西里鹽

材料

花椰菜（去皮切小塊）…1/2個
馬鈴薯（去皮切小塊）…2顆
洋蔥（切片）…1/2顆
百里香檸檬鹽…1小匙
高湯…800cc
原味優格…1大匙
橄欖油…1大匙
百里香檸檬鹽、胡椒…適量

作法

1 鍋中放入橄欖油，先將洋蔥炒香炒軟，再續炒花椰菜與馬鈴薯。

2 加入百里香檸檬鹽1小匙與高湯，大火沸騰後轉小火煨煮至蔬菜軟化。

3 放入調理機中，加入優格打到均勻細滑。

4 倒回鍋中加熱，最後用百里香檸檬鹽、胡椒調味。

風味鹽不僅適合料理，
在甜點中也能畫龍點睛，
解膩、增加層次，
同時帶來更多的口味變化。

香料果乾燕麥棒

這是很適合運動或登山攜帶的精力餅乾，
好吃又有飽足感，能夠快速補充能量。

| recommended SALT |
各種風味鹽都合適製作

材料

葡萄乾…60g
蔓越莓乾…30g
燕麥片…150g
全麥粉…100g
紅糖…50g
堅果…60g
印度咖哩鹽…1/2小匙
葡萄籽油（或植物油）…60cc
楓糖漿…3大匙

作法

1 除了油與楓糖漿外，其餘材料放入調理機中打碎。Ⓐ Ⓑ

2 把乾性材料放入調理盆中略微抓勻，再加入油與楓糖漿，用手均勻拌合至用手捏起可以結塊的程度。Ⓒ

3 烤盤鋪上烘焙紙，倒入混拌好的材料，蓋上烘焙紙，再壓上有重量的東西，將材料壓緊實（或是直接用拳頭壓平壓緊）。Ⓓ

4 取下烘焙紙與重物Ⓔ，放入預熱好的烤箱中，以140℃烤20分鐘後取出。

5 用刀子切壓成等分塊狀Ⓕ，再次入烤箱烤30分鐘，取出放涼即完成。

羅勒橄欖鹹蛋糕

拌勻烘烤就完成的快速蛋糕，
介於麵包與蛋糕間的口感與口味，
作為點心或佐餐都無可挑剔。

 | recommended SALT |
月桂鹽、香芹大蒜鹽、
法國普羅旺斯鹽、
義大利西西里鹽

材料

去籽黑橄欖（切輪狀）… 10 顆　　室溫雞蛋 … 3 顆
油漬番茄乾（切碎）… 1 個　　　橄欖油 … 4 大匙
低筋麵粉 … 100g　　　　　　　牛奶 … 2 大匙
高筋麵粉 … 50g　　　　　　　 **羅勒鹽** … 1 小匙
泡打粉 … 2 小匙　　　　　　　 黑胡椒 … 1 小匙

作法

1　將低筋麵粉、高筋麵粉、泡打粉混合過篩備用。

2　取一調理盆，打散雞蛋，依序加入橄欖油、牛奶、羅勒鹽、黑胡椒及黑
　　橄欖片、番茄乾，攪拌均勻。

3　接續加入篩好的乾粉類，以刮刀拌勻。

4　將麵糊平均地倒入烘焙紙模（約可製作 5 個杯子蛋糕大小，示範紙模為
　　直徑 6.5 × 高 4 公分）。可以在最上方擺上一顆完整的黑橄欖。

5　放入預熱好的烤箱中，以 180℃烤 20 分鐘即完成。

乳酪鯷魚蝴蝶酥

利用起酥片就能快速完成，
帶有香草風味的鹹香餅乾。

| recommended SALT |
羅勒鹽、鼠尾草鹽、月桂鹽、
花椒鹽、各種世界香料鹽

材料

冷凍起酥片…4片
起司粉…2大匙

鯷魚橄欖醬｜鯷魚…3隻
芥末籽醬…1大匙
去籽黑橄欖…50g
迷迭香鹽…1/4小匙
橄欖油…20cc

蛋奶液｜雞蛋…1顆
牛奶…2大匙

作法

1 所有鯷魚橄欖醬材料放入調理機中打碎。🅐🅑

2 起酥片塗上鯷魚橄欖醬、撒上起司粉，左右兩側各往內捲起。共可製作3條。🅒🅓🅔🅕

3 捲好後放冷凍庫定型，再切成約1公分厚度，鋪排在烤盤上呈現蝴蝶狀。

4 輕塗上蛋奶液、撒上起司粉🅖🅗，放入預熱好的烤箱中，以200℃烤15分鐘，烤至香酥即完成。

印度咖哩
鹹脆餅

滿滿的辛香料馥郁香氣，
吃一次就會上癮的鹹口味餅乾。

| recommended SALT |
所有風味鹽都很合適製作

材料

乾性材料
低筋麵粉…70g
太白粉…65g
杏仁粉…10g
起司粉…10g
印度咖哩鹽…2g
黑胡椒…1/4小匙
義大利綜合香料…1小匙
橄欖油（或香料油）…55g
牛奶…25g
芥末籽醬…1小匙

作法

1 將乾性材料過篩、放入調理盆，拌勻，再加入橄欖油用手搓散。

2 加入牛奶、芥末籽醬，切拌壓均勻，不要搓揉，直到無粉狀態。

3 放入塑膠袋中，擀平成約0.3-0.5公分的厚度，再取出切成方塊或長條狀，鋪排在烤盤上。

4 放入已預熱好的烤箱中，以150℃烤20-25分鐘，取出連烤盤一起冷卻後即可享用。

無酒精血腥瑪莉
佐香芹鹽

帶有適度香氣與鹹味的風味鹽，
很適合製成調酒或飲料，
一點點就足以改變味道層次。

 | recommended SALT |
羅勒鹽、紫蘇鹽、薄荷鹽

材料

番茄汁…200cc
伍斯特醬…1/2小匙
巴薩米克醋…1小匙
檸檬…1/2顆
香芹大蒜鹽…適量
芹菜（葉連梗）…1枝
冰塊…適量

作法

1 準備一個玻璃杯，將切半的檸檬
沿著杯緣擠一圈，讓杯口沾上檸檬汁。

2 再把香芹大蒜鹽鋪在較平的盤子中，將杯子倒扣沾鹽。

3 把番茄汁、伍斯特醬、巴薩米克醋攪拌均勻。

4 杯中放入冰塊，倒入調製好的番茄汁，插上芹菜當攪拌棒
即完成。

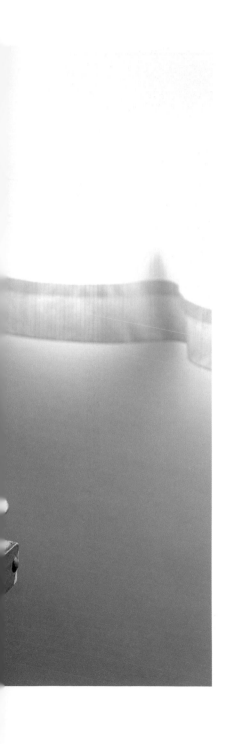

| 結 語 |

我，是用靈魂在做菜的

對著植物的香氣，有著共感
聞著時，心裡便會知道
它最適合用什麼方式與手法
做著哪個國家的料理，會最可口

我，真心愛著這些
可食香氣植物們，它們總安撫著我的心
讓心裡的節奏，如實的反映在自己
所創造出的香草料理裡

美味且美麗，是如此自然

身為香草料理研究家的我
靈魂，自在且快樂

台灣廣廈 國際出版集團
Taiwan Mansion International Group

國家圖書館出版品預行編目（CIP）資料

香草研究家的風味鹽：18款特色配方×60道絕品料理！簡單自製天然調味料，煎煮炒炸沾都萬用的高CP值美味魔法 / 藍偉華著. -- 初版. -- 新北市：台灣廣廈, 2023.01
　　面；　　公分.
ISBN 978-986-130-568-4(平裝)
1.CST: 鹽　2.CST: 香料　3.CST: 調味品　4.CST: 食譜

427.61　　　　　　　　　　　　　　　　111019595

香草研究家的風味鹽
18款特色配方×60道絕品料理！
簡單自製天然調味料，煎煮炒炸沾都萬用的高CP值美味魔法

作　　者／藍偉華	編輯中心編輯長／張秀環・編輯／蔡沐晨・許秀妃
攝　　影／Hand in Hand Photodesign 璞真奕睿影像	設計／何偉凱・曾詩涵 內頁排版／菩薩蠻數位文化有限公司 製版・印刷・裝訂／東豪・弼聖・秉成

行企研發中心總監／陳冠蒨　　　線上學習中心總監／陳冠蒨
媒體公關組／陳柔彣　　　　　　產品企製組／顏佑婷
綜合業務組／何欣穎

發　行　人／江媛珍
法律顧問／第一國際法律事務所 余淑杏律師・北辰著作權事務所 蕭雄淋律師
出　　版／台灣廣廈
發　　行／台灣廣廈有聲圖書有限公司
　　　　　地址：新北市235中和區中山路二段359巷7號2樓
　　　　　電話：（886）2-2225-5777・傳真：（886）2-2225-8052

代理印務・全球總經銷／知遠文化事業有限公司
　　　　　地址：新北市222深坑區北深路三段155巷25號5樓
　　　　　電話：（886）2-2664-8800・傳真：（886）2-2664-8801
郵政劃撥／劃撥帳號：18836722
　　　　　劃撥戶名：知遠文化事業有限公司（※單次購書金額未達1000元，請另付70元郵資。）

■出版日期：2023年01月
ISBN：978-986-130-568-4